普通高等院校土建类基础课程规划教材

第二版

Architectural Drawings

建筑图法

黄莘南 编著

大连理工大学出版社

图书在版编目(CIP)数据

建筑图法 / 黄莘南编著. — 2版. — 大连 : 大连理工大学出版社, 2014.10

ISBN 978-7-5611-9560-4

Ⅰ. ①建… Ⅱ. ①黄… Ⅲ. ①建筑制图 Ⅳ. ①TU204

中国版本图书馆 CIP 数据核字(2014)第 225568 号

大连理工大学出版社出版

地址:大连市软件园路 80 号 邮政编码:116023

发行:0411-84708842 传真:0411-84701466 邮购:0411-84708943

E-mail:dutp@dutp.cn URL:http://www.dutp.cn

大连力佳印务有限公司印刷 大连理工大学出版社发行

幅面尺寸:185mm×260mm 印张:9.5 字数:219 千字

2003 年 11 月第 1 版 2014 年 10 月第 2 版

2014 年 10 月第 1 次印刷

责任编辑:初 蕾 责任校对:仲 仁

封面设计:张 群

ISBN 978-7-5611-9560-4 定 价:29.80 元

序

建筑图法是研究建筑形体的空间构成和平面组合的科学表示方法，其运用形象思维和逻辑思维培养空间想像能力和分析问题、解决问题的能力，以提高建筑设计水平和正确表达设计思想为目的。建筑图法是建筑工作者必须掌握的基本理论和基本技法，学好它有助于提高建筑设计水平和进行建筑科学的研究工作。

与绘画不一样，绘画是感性的，它是理性的，按科学的投影原理和方法所发展的标准图示法；它要求准确，按一定的比例用绘图工具绘制完成，充分表达设计内容和技术要求；它是交流信息的建筑界的共同语言。但学习绘画知识有助于学好建筑图法课。

本书主要介绍绘制标准建筑图的基础知识，目的是使学生掌握建筑作图的基本概念、基本规律和正确的绘图方法，为以后的建筑制图和建筑设计打好基础。内容包括正投影、斜投影、中心投影和综合投影四种投影的原理和作图方法，以及用不同的投影方法所形成的不同建筑图样，如建筑图的正投影图、正投影图的阴影和轴测图、透视图以及透视图中的阴影和虚像。

本书通过权衡和参考各高校的《画法几何》和《画法几何与阴影透视》的多个版本教材，经精选调整和补充汇编而成。

考虑到当今计算机的发展和广泛的应用以及专业的需要和实际应用等特点，在保证教学基本内容及深度和广度的前提下，删繁精简，压缩篇幅，使学生易于掌握。同时，本书在使用和修订的过程中增加了现在常用的建筑细部图例，其中除有较详尽叙述有关的概念和原理的图例外，还有不少是只用图示方法解题的图例，这部分内容可作课堂补充资料选用，也可作课堂提问或学生自学思考题之用。多年的教学实践证明，本书内容简明、适用，既使授课的总学时数大为减少，又增加了学生的感性认识和学习兴趣，教学收到明显的效果。现在，经修订后出版，可以作为建筑学专业基础课程教材，也可以作为环境设计、景观设计、城市规划、工业造型设计等专业以及高等学校职业教育同类专业的教材，还可供建筑设计工作者参考。

编写过程中，得到夏春梅、黄姝、肖敏艺等老师对编写、插图绘制和文字打印等工作的协助，在此表示衷心感谢。

本书是教学经验的总结，也是课程改革的尝试，不完善和错误之处，在所难免，请读者批评指正。

黄莘南
2014年7月
于深圳大学建筑系

目 录

第一章　正投影原理与作图法……………………………………………… 1
第一节　点、直线及平面的投影………………………………………… 1
第二节　线与面的各种相对位置的投影…………………………………… 21
第三节　平面体和曲面体………………………………………………… 35
第四节　立体与立体相贯………………………………………………… 41
第五节　轴测图画法……………………………………………………… 47
第二章　阴影图的图示原理与方法………………………………………… 50
第一节　点和直线的落影………………………………………………… 50
第二节　平面图形的落影………………………………………………… 55
第三节　建筑形体的阴影………………………………………………… 61
第四节　曲面立体的阴影………………………………………………… 74
第三章　透视图的图示原理与方法………………………………………… 80
第一节　透视图的概念…………………………………………………… 80
第二节　透视的基本规律………………………………………………… 81
第三节　透视图的基本画法……………………………………………… 92
第四节　曲线和曲面的透视……………………………………………… 112
第五节　透视图的辅助画法……………………………………………… 121
第六节　鸟瞰图的画法…………………………………………………… 127
第四章　透视图中的阴影与虚像…………………………………………… 130
第一节　透视图中的阴影………………………………………………… 130
第二节　倒影与虚像……………………………………………………… 143

第一章　正投影原理与作图法

第一节　点、直线及平面的投影

一、点的投影

1. 二面投影

空间点 A 在 V 面（正平面）和 H 面（水平面）的投影，如图 1–1–1，V 面 $\perp$ H 面为选定的平面。

Aa_Xa'为矩形，即$Aa=a'a_X$，$Aa'=aa_X$。将水平面(H)向下转动90°，H面和V面成为一个垂直平面，如图1–1–2，$a'a$连线垂直OX轴，即空间点A在V面和H面的投影的连线是一段铅垂线。

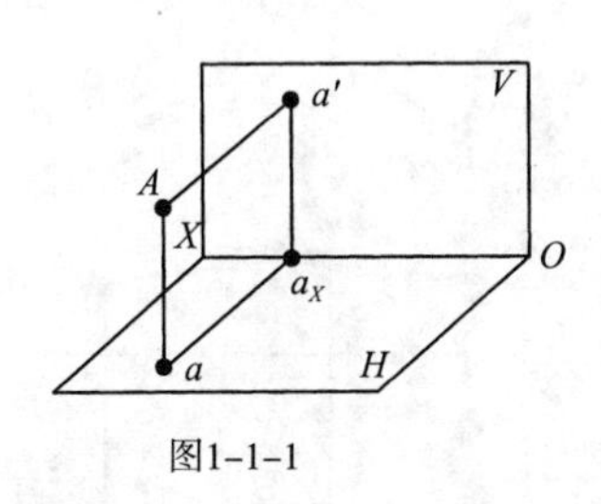

图1–1–1

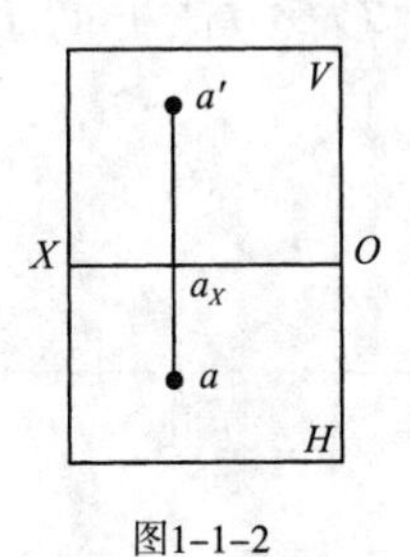

图1–1–2

2. 三面投影

空间点A在V面(正平面)、H面(水平面)和W面(侧平面)的投影，如图1–1–3。V、H、W三个投影面相互垂直，点A在三个投影面的投射线与X、Y、Z三轴组成立方形，即$Aa''=a_XO$，$Aa'=a_YO$，$Aa=a_ZO$。图1–1–3为讲述方便用的立视图。

在工程图中通常用坐标尺寸来定出三个投影面的投影位置。按常规将投影面转动成与V面取平，即将H面向下转90°，W面向右转90°，如图1–1–4。水平投影a可以用X和Y两轴尺寸决定，正面投影a'可以用X和Z两轴尺寸决定，侧面投影a''可以用Y和Z两轴尺寸决定，即为$a(XY)$、$a'(XZ)$、$a''(YZ)$。

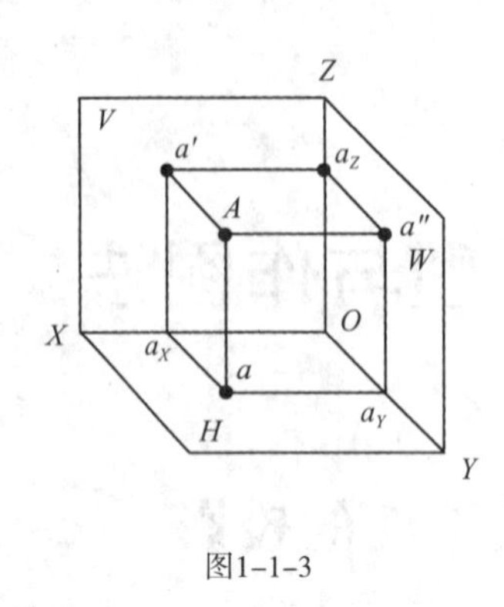

图1-1-3

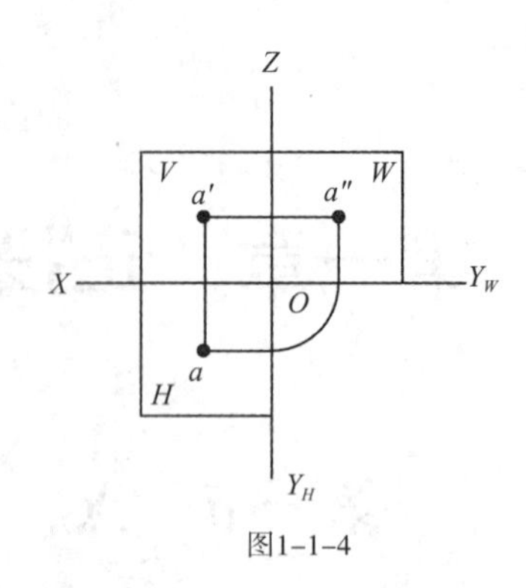

图1-1-4

例：

已知点A坐标$X=15$，$Y=10$，$Z=5$，求作点A的三个投影面的投影a，a'，a''。

解：作图步骤如图1-1-5。

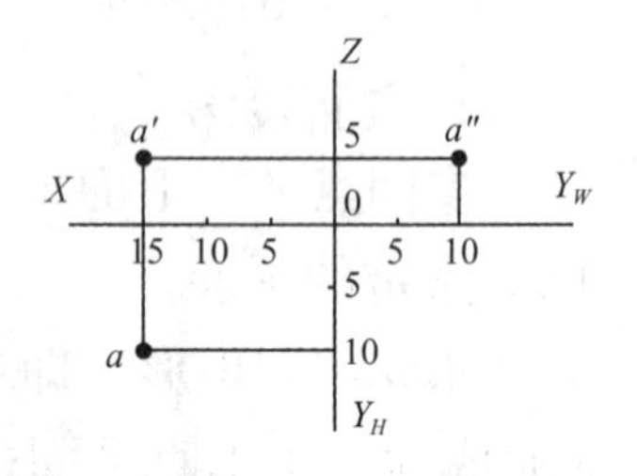

图1-1-5

3. 两点的相对位置

从正面和平面两个投影面中的投影中可以判断两点空间位置。如图1-1-6，点A比点B高；点A比点B后；点A在点B的左后上方。如将A、B两点视为端点，并连线，则成为线段AB，$a'b'$为AB在正面(V面)的投影，ab为AB在平面(H面)的投影，如图1-1-7。

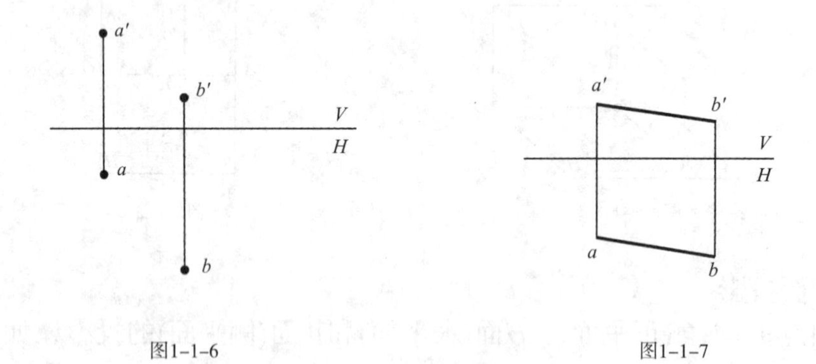

图1-1-6　　图1-1-7

二、直线的投影

1. 一般位置的直线

如图1-1-8，这种直线对三个基本投影面都倾斜，线上各点到同一投影面的距离均不相等；投影的倾角不反映直线的真实倾角，投影的长度比直线长度缩小，这种线段的实长和倾角可以用直角三角形法和辅助投影面(变换投影面)法求出(本书后面将具体阐述)。

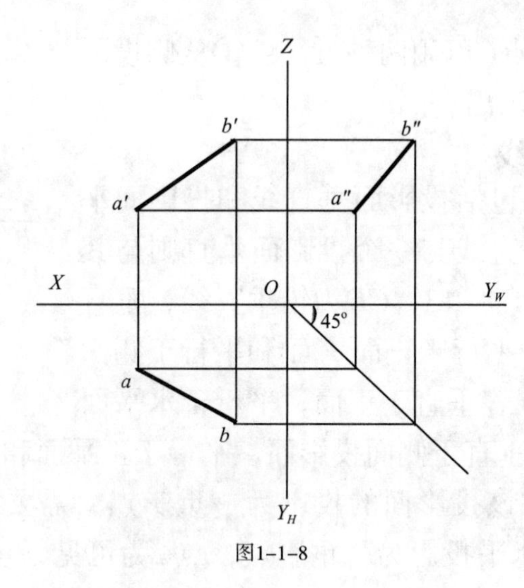

图1-1-8

直线上的点，可通过是否落在同名投影上来判断，如图1-1-9，点*C*在直线*AB*上，点*E*不在。

直线上的点所分的线段比为定比关系，如图1-1-10，*AC*：*CB*＝*ac*：*cb*(点*C*分*AB*成定比)。例如：已知*AB*上一点*C*，*AC*：*CB*＝3：4，如图1-1-11，用辅助线求出，过*a′*作水平线或任意方向的线，再利用相似三角形的定比关系，求出点*C*的正面投影和水平投影。

如果要判断侧平线上的点，则要看侧面投影。如图1-1-12侧平线上的点

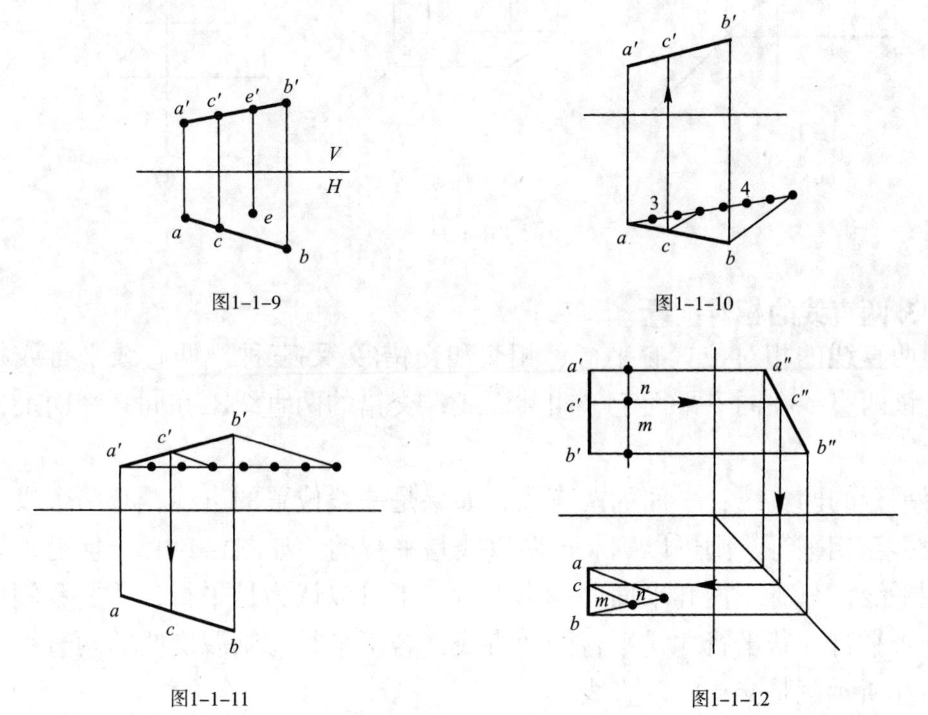

图1-1-9

图1-1-10

图1-1-11

图1-1-12

的求法。已知C'，求点C可用两种方法：①从侧投影反求；②用定比原理求出。

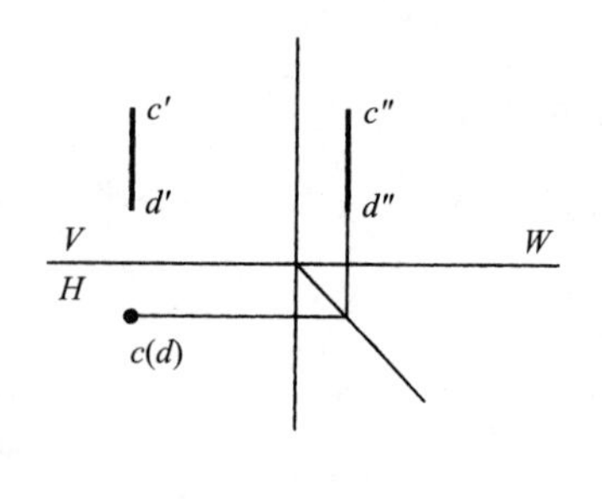

图1–1–13

2. 特殊位置的直线

特殊位置的直线包括投影面垂直线和投影面平行线两种。投影面垂直线与一个投影面垂直则与其余两面必平行，如图1–1–13，*CD*为铅垂直线，垂直于水平面(*H*面)，它必平行于正面(*V*面)和平行于侧面(*W*面)；同理，正垂线，垂直于正面，平行于水平面和侧平面；侧垂线，垂直于侧面投影面，平行于正平面和水平面。

投影面垂直线在该投影面的投影为一重影点，需要判断可见性问题，如图1–1–13，*CD*在水平投影为一重影点，点*C*为可见，点*D*为不可见，记作(*d*)。

作三个基本投影面的平行线分别为正平线、水平线和侧平线。如图1–1–14，正平线在正面投影反映实长和倾角；水平线在水平投影反映实长和倾角；侧平线在侧面投影反映实长和倾角。

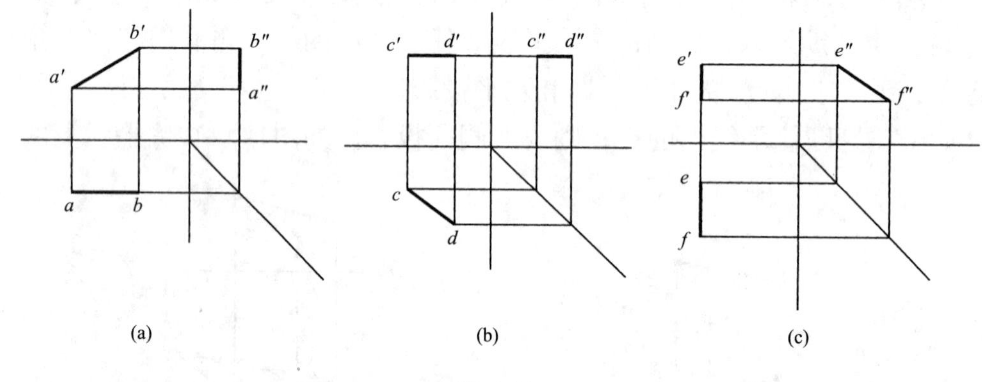

图1–1–14

3. 两直线的相对位置

两直线的相对位置有平行、相交和交错(交叉)三种。两直线平行或相交时，该两直线在同一平面上，叫共面线；交错的两直线不在同一平面上，叫异面线。

平行的两直线：平面的两直线，如果是一般位置的直线，有两个投影面的投影互相平行，则可以判断该两直线是平行的，如图1–1–15。但是，如果是侧平线，只有正面和平面的投影平行，不可以认为是平行，还要看侧面投影是否平行，若平行才是平行的两直线，若不平行，则属交错的两直线，图1–1–16所示就是交错的两直线。

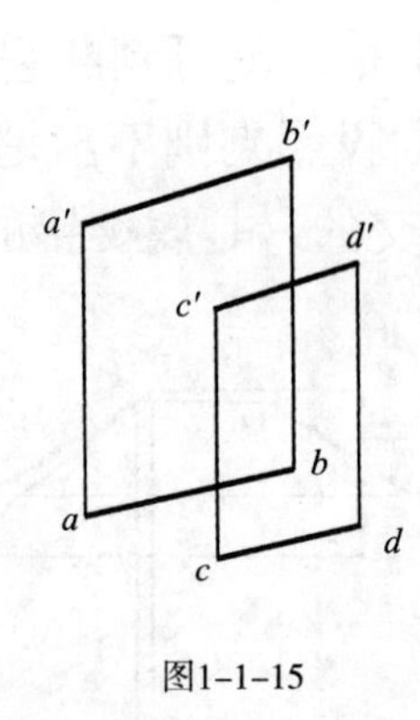

图1-1-15

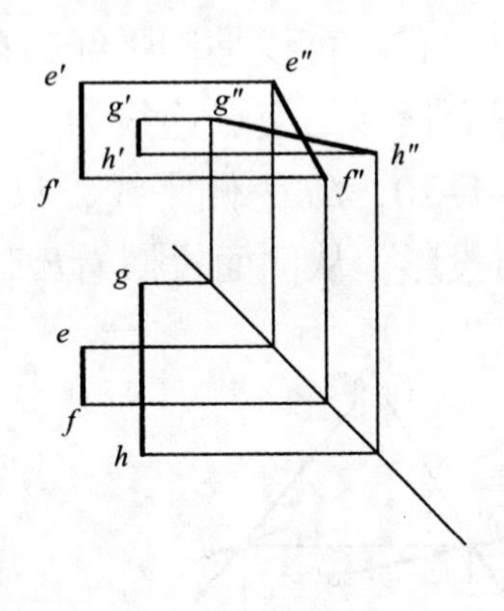

图1-1-16

两铅垂线(两正垂线或两侧垂线)亦为平行的两直线——特殊位置的平行线，如图1-1-17为两铅垂线的平行线，水平投影反映真实距离，两正面投影平行，两侧面投影亦平行。利用两直线平行，它们的投影也对应平行的规律，可以补全，求作出平行四边形。如图1-1-18(a)、(b)，(a)图为已知条件，(b)图为补全作法。过c'作$c'd' /\!/ a'b'$，再过b'作$b'd' /\!/ a'c'$，完成正面投影，再过水平投影b作$bd /\!/ ac$，过d'向下作垂线交得点d，连cd即成。

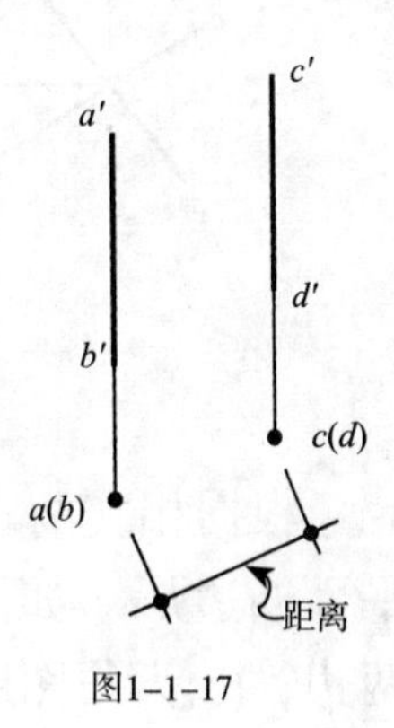

图1-1-17

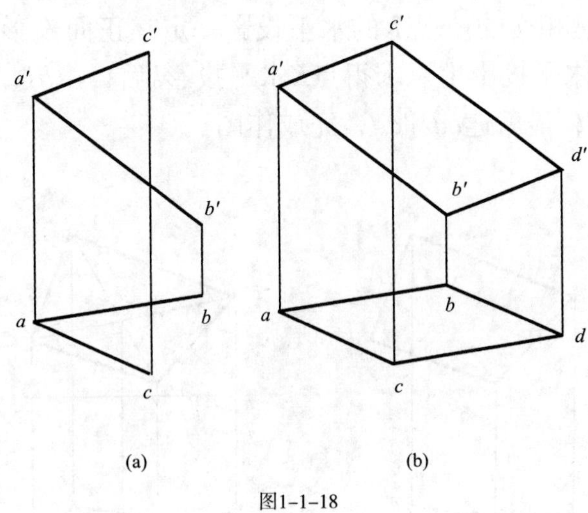

图1-1-18

相交的两直线：相交的两直线有交点，交点是两直线的公共点。如图1-1-19为一般位置的两直线相交，E为AB与CD的交点，交点的两个投影符合点的投影规律，即正面交点投影和平面交点投影在一铅垂线上(正面投影和侧面投影在一水平线上)。一般位置的相交线从两个投影中判断即可。但是，如果两直线中有一直线是侧平线，就要作出侧面投影，看是否有交点，且交点是否与正面投影的交点连线为一水平线；若不是，就可判断它们不是相交的。如图1–1–20，*EF*为侧平线，只从正面和平面投影判别不出是否相交，需要作出侧面投影，从侧面投影看*EF*与*GH*不是相交的，是属交错的两直线。

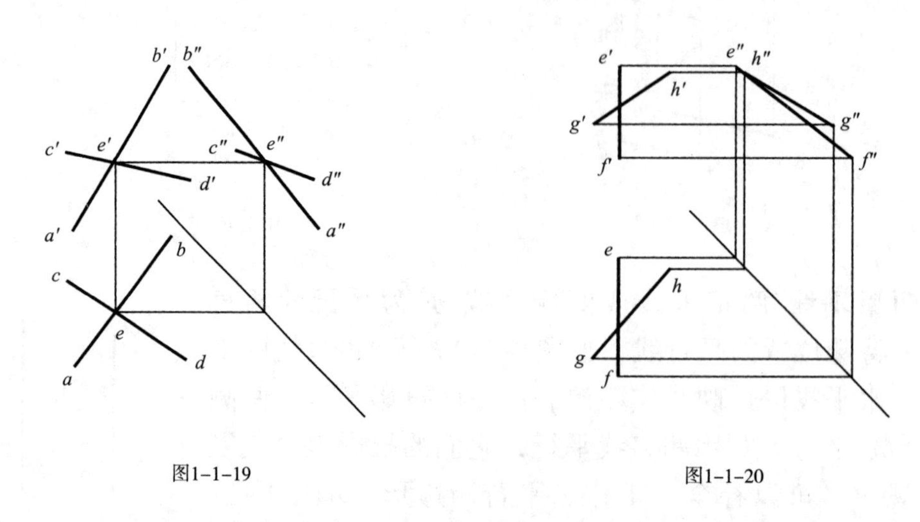

图1–1–19　　图1–1–20

根据相交两直线的交点在同面投影相交并符合空间一点的投影特征，求平面四边形。如图1–1–21，(a)为已知，正面为四边形投影，平面投影已知两边；(b)为作图题解，作*AC*、*BD*对角线相交点*K*的正面投影(在同一平面上作的对角线肯定是相交的)，点*K*的水平投影一定在正面投影向下作的铅垂线上，并交于*AC*的水平投影上。求得点*K*水平投影*k*后，由*b*过*k*连线，再与d'向下作铅垂线交于*d*，最后连*cd*和*ad*，完成作图。

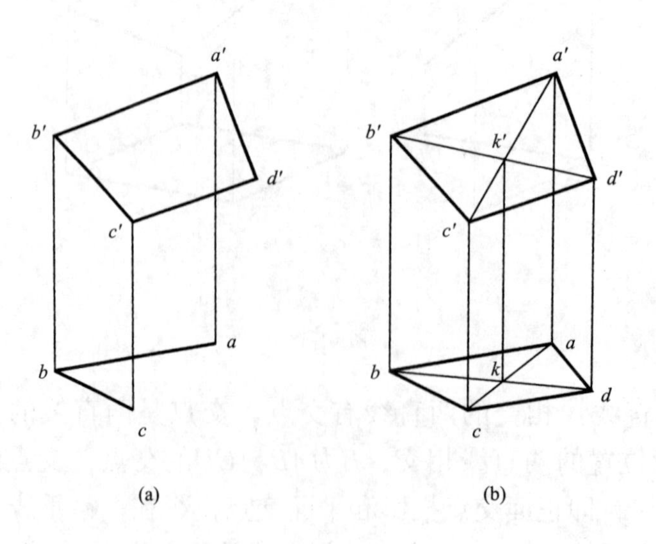

图1–1–21

交错的两直线：不在一个平面上，在投影面的投影交点不是两直线的交点，而是重影点，如图1–1–22，在正面投影的交点是*G*、*H*的重影点；在水平投影的交点是*E*、*F*的重影点。点*G*在前，点*E*在上，是可见点。

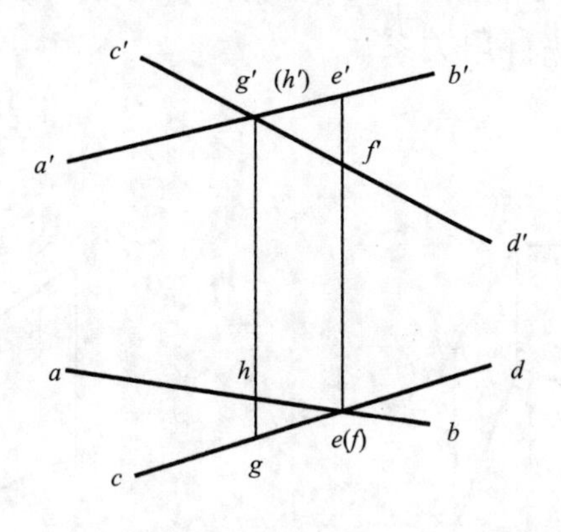

图1–1–22

4. 两直线相互垂直的投影特性

当两直线相交且均平行于某一投影面时，其投影在该投影面上反映实形。如图1–1–23，*AC*与*BC*相交，夹角为∠*ACB*，若*AC*和*BC*均为水平线，即平行于*H*面，在水平面的投影∠*C*反映实形。两直线中有一直线平行于某投影面，如夹角是直角时，在该投影面的投影仍为直角。如图1–1–24，*DE*和*EF*两直线相交组成直角，*DE*平行于水平投影面，*EF*不平行于水平投影面，其水平投影的夹角仍为直角。原因是*DdeE*平面和*EefF*平面均为铅垂面，所以其水平投影和∠*E*一样为直角。投影图形式如图1–1–25。如图1–1–26，*AB*和*BC*相交组成直角，*BC*平行于正面投影面即正平线，*AB*为一般线，它们在正面的投影∠*b'*反映直角关系。

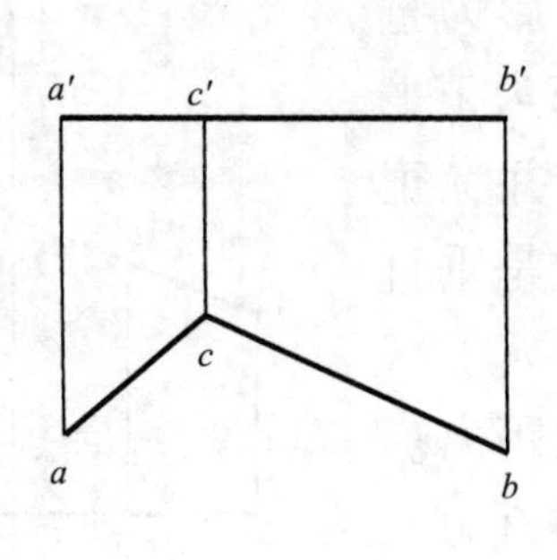

图1–1–23

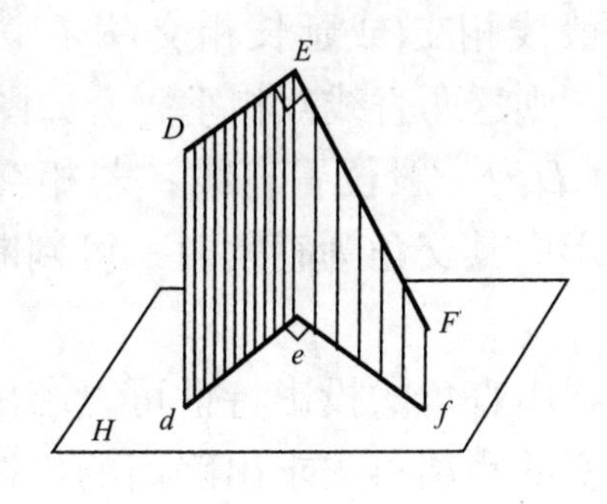

图1–1–24

若两直线均不平行于投影面，则在该面的夹角投影不反映实形。

在交错垂直的两直线中，只要有一直线平行于投影面，则在该面的投影仍为直角。如图1–1–27，*AB*与*EF*为两交错直线，*AB*平行于*DE*且平行于水平投影面，*AB*水平投影与*DE*水平投影重合。由此，题解就与图1–1–25相同，所以其水平投影也反映直角关系。

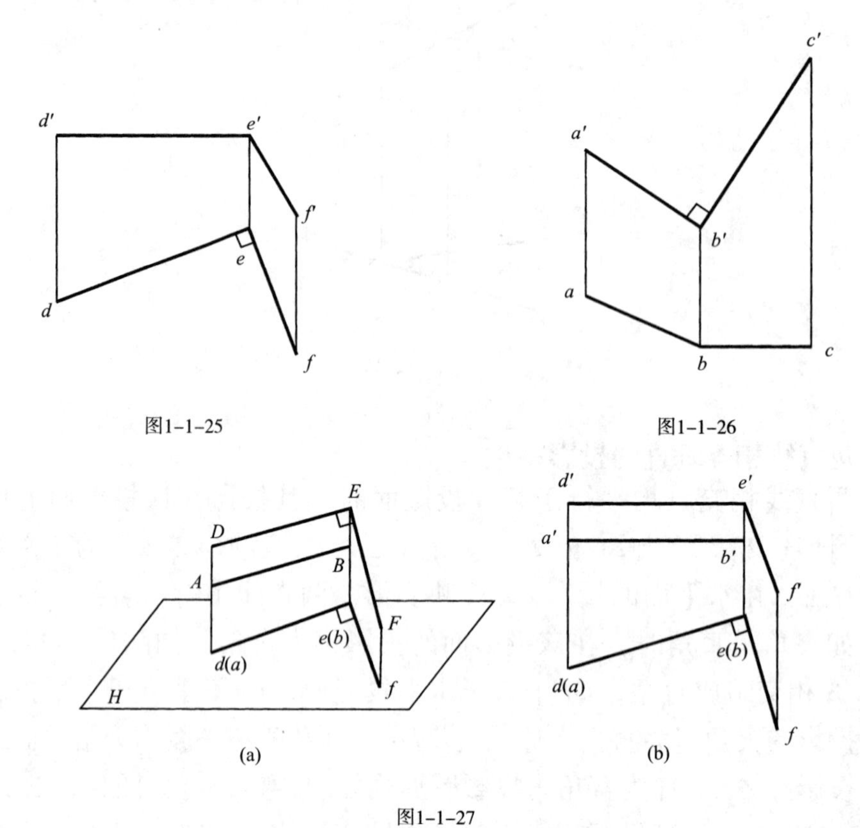

图1–1–25

图1–1–26

(a)

(b)

图1–1–27

按此投影特性，如果有一直线为投影面平行线且与一般线相交(或延长相交)并在该投影面的投影为直角时，则这两直线互相垂直。如图1–1–28，*AB*为正平线，*CD*为一般位置直线，若相交或延长相交并在正面投影中其交角为直角时，可判断这两条直线是垂直的。

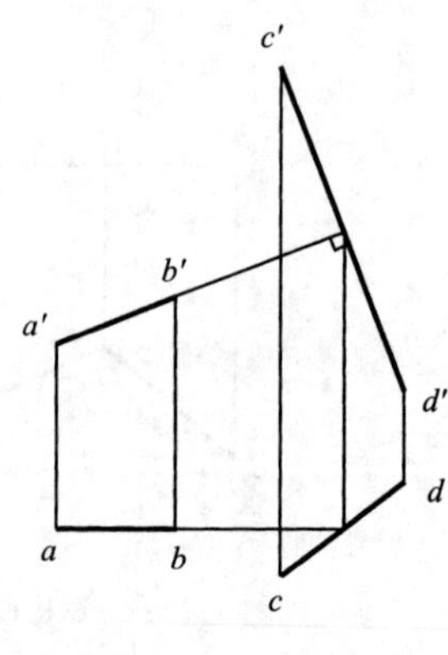

图1–1–28

利用直角的投影特性可以求出点到直线的距离。求真实的距离可先求出距离的投影，然后再用直角三角形或用更换投影面的方法求出。

5. 用直角三角形法求实长和倾角

求*AB*实长：图1–1–29(a)为*AB*空间投影示意图。从图1–1–29(b)看出，*ab*为*AB*的水平投影，过点*A*作水平线*AC*，即*AC*//*ab*，*AC*＝*ab*，*BC*为点*A*与点*B*的高低差，△*ABC*为直角三角形。在正面投影*a′c′*为水平线，所以正面投影*b′c′*即为*AB*两点的高差。在水平投影作$bB_1=b'c'$的直角三角形与△*ABC*全等。aB_1则为实长，$\angle baB_1$则为α水平倾角。图1–1–30为投影图作图方法，在*AB*的水平投影*ab*上作bB_1垂直于*ab*并截取$bB_1=b'c'$(*AB*两点的上下距离，高度差为*Z*)，连aB_1，则aB_1为所求的*AB*的实长，∠ α 为*AB*与*H*面的倾角。同样，在*V*面的投影亦可求出*AB*的实长和它与*V*面的倾角∠*β*。如图1–1–31(a)和(b)，在*AB*的正面投影*a′b′*上作$a'A_1$垂直于*a′b′*，并取$a'A_1=ad$(*AB*两点的前后距离，深度差为*Y*)，连$b'A_1$，$b'A_1$为所求的*AB*的实长，∠*β*为*AB*与*V*面的倾角。

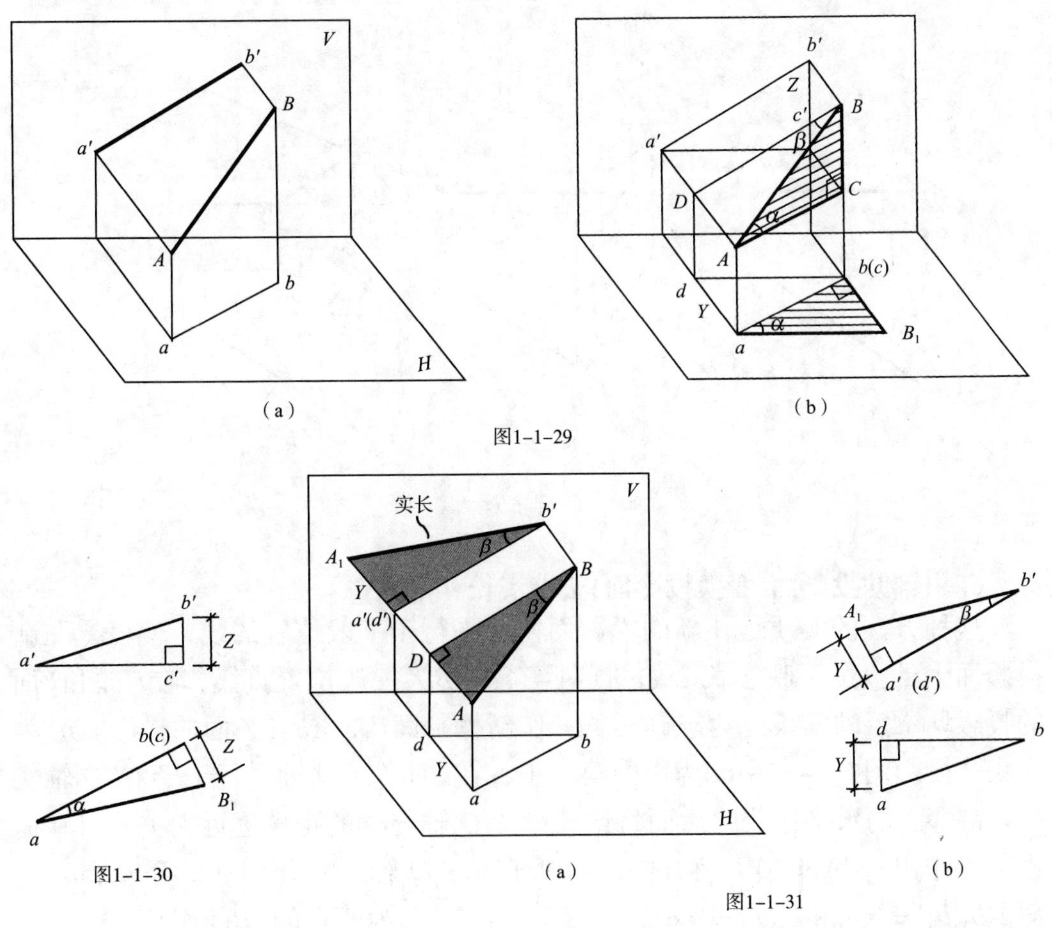

(a)　(b)

图1–1–29

图1–1–30　(a)　(b)

图1–1–31

求点到线的距离：如图1–1–32，求点*A*到铅垂线*BC*的距离，过点*A*作*AK*

垂直于BC，AK连线为水平线，平行于H投影面，AK的水平投影反映实长。又如图1-1-33，求水平线CD的线外一点B到CD的距离，图中(a)为题意；(b)为作图第一步，过B的水平投影b作$bk \perp cd$，再由k引求k'。bk和$b'k'$为点B至CD的水平投影和正面投影；(c)为求BK实长的作图法，由bk截出BK两点的前后坐标差(深度差)，如图中Y，再在正面投影$b'k'$作垂直线$k'K_1$，取$k'K_1=Y$，连b'、K_1，$b'K_1$即为所求的实长，$\angle\beta$为与V面的倾角。或用BK两点的高低差，作直角三角形求其实长，如图中Z，在水平投影作出实长，$\angle\alpha$为与H面的倾角。

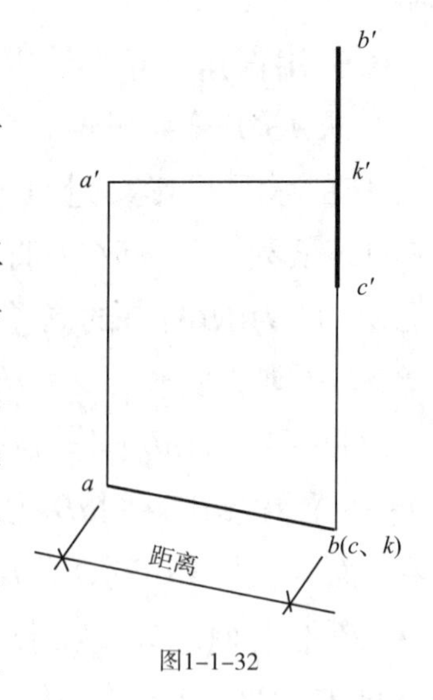

图1-1-32

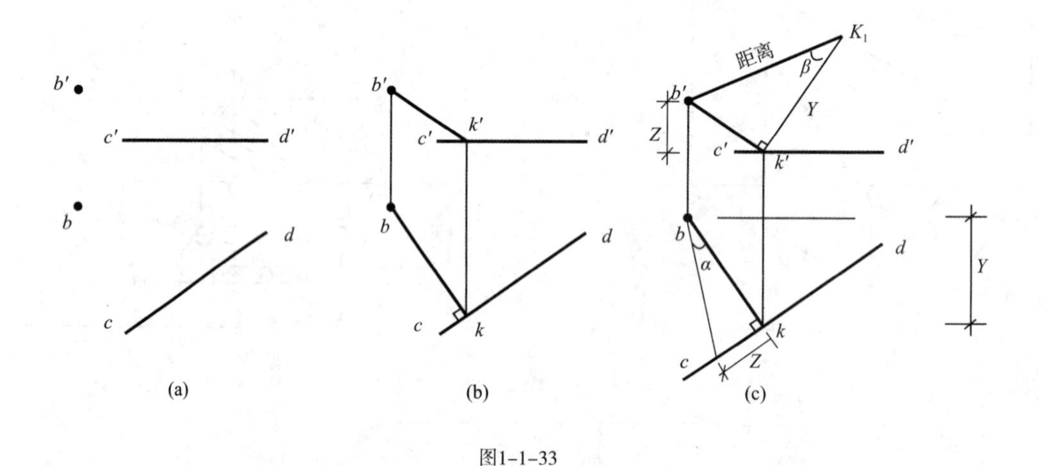

图1-1-33

6. 用辅助投影面(变换投影面)法求实长和倾角

这种方法的实质是作新的投影面使之平行于一般位置的线，使该线在新投影面上的投影反映实长。如图1-1-34，AB为一般位置直线，在H面和V面的投影均不反映实长。为求其实长，作新投影面V_1，AB在V_1面的投影$a_1'b_1'$为实长。投影图1-1-35中(a)为作图第一步，在H面作X_1O_1轴平行于ab (X_1O_1轴实为V_1铅垂面的水平迹线，后面将论述)，X_1O_1轴与ab的距离远近无关，可在适当位置作出；(b)过b作b_{X1}和过a作a_{X1}垂直于X_1O_1轴，并分别延长至b_1'和a_1'，截取$b_{X1}b_1'=b'b_X$和$a_{X1}a_1'=a'a_X$，连接b_1'、a_1'，即为所求的AB的实长。过b_1'作线平行于X_1O_1轴，由此线与$b_1'a_1'$所夹的$\angle\alpha$便是AB与H面的倾角。

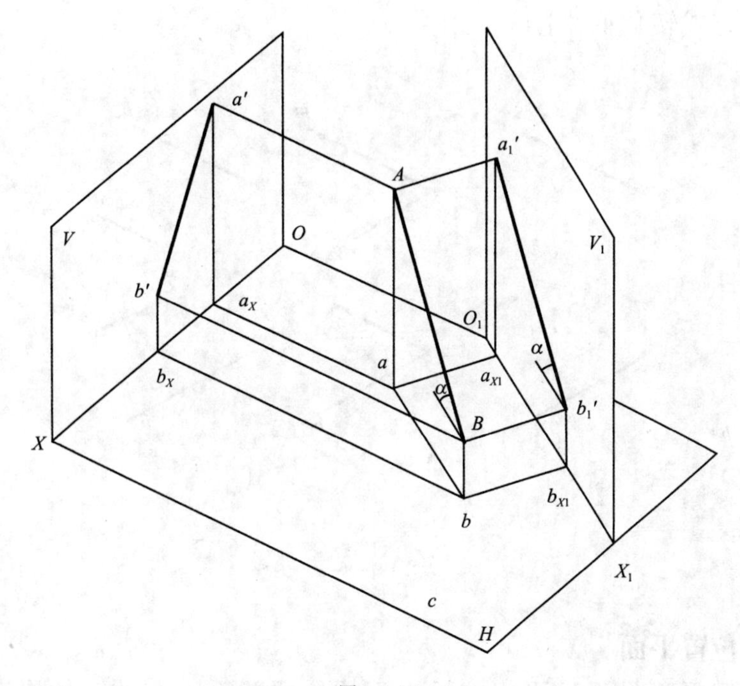

图1-1-34

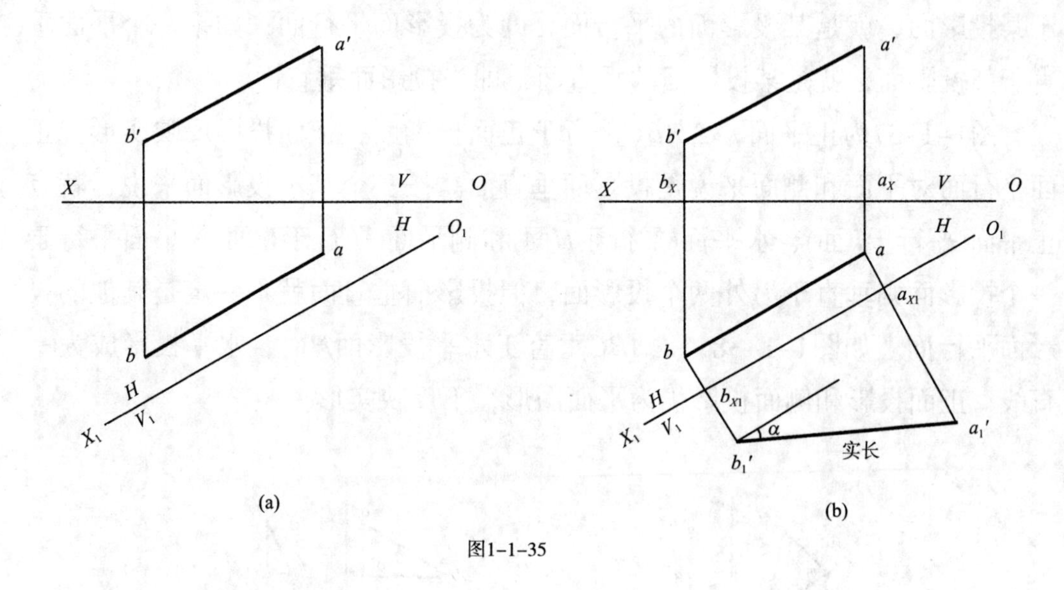

图1-1-35

三、平面的投影

1. 平面的表示法

平面的空间位置，可以由下列的几何元素来表示，如图1-1-36：(a)不在同一直线上的三个点；(b)一直线及线外点；(c)相交两直线；(d)平行两直线；

(e)平面图形。五种表示方法，实际是由不在同一直线上的三个点的投影表示平面的基本方式转化而来的。

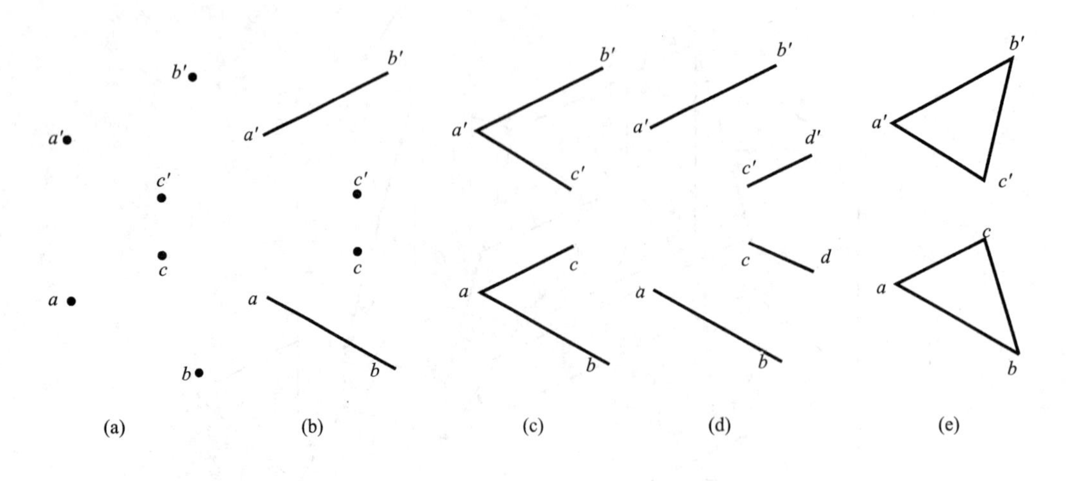

(a) (b) (c) (d) (e)

图1-1-36

2. 特殊位置平面

特殊位置平面是视该平面与投影面的位置关系而定的。如果该平面平行于某投影面，就是某投影面的平行面，即为投影面平行面；如果一个平面垂直于某投影面，就是某投影面的垂直面，即为投影面垂直面。

图1-1-37为正平面，△ABC平行于正面投影面，正面投影反映实形。正面平行面对平面和侧面来说是投影面垂直面。按三个基本投影面来说，就有正平面(平行于V面)、水平面(平行于H面)和侧平面(平行于W面)，平面平行于一个投影面则垂直于另外两个投影面，但投影面垂直面就不一定是其他的投影面平行面。如图1-1-38，△ABC垂直于水平投影面H面，水平投影成为一直线，正面投影和侧面投影仍为平面图形，不反映实形。

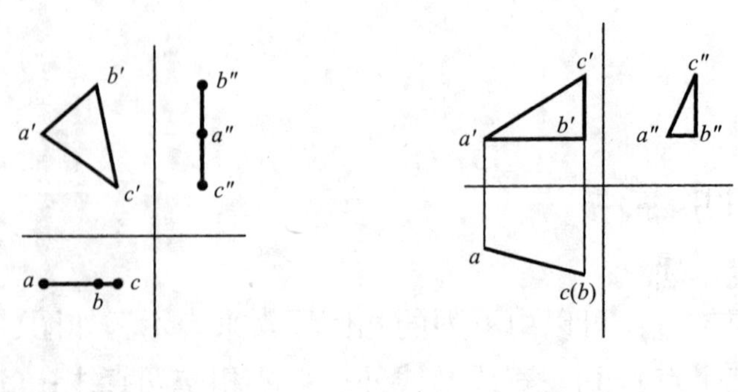

图1-1-37 图1-1-38

图1–1–39为坡屋顶房屋各个面的名称。

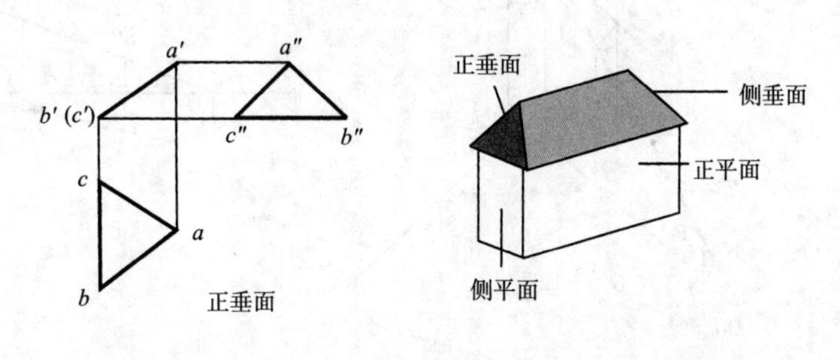

图1–1–39

3. 一般位置平面

一般位置平面，对三个投影面都倾斜(不平行、不垂直)，不反映实形，如图1–1–40，△*ABC*的三个投影都是平面图形，是一般位置平面，简称一般面。如图1–1–41，三棱锥的三面投影均为平面图形。

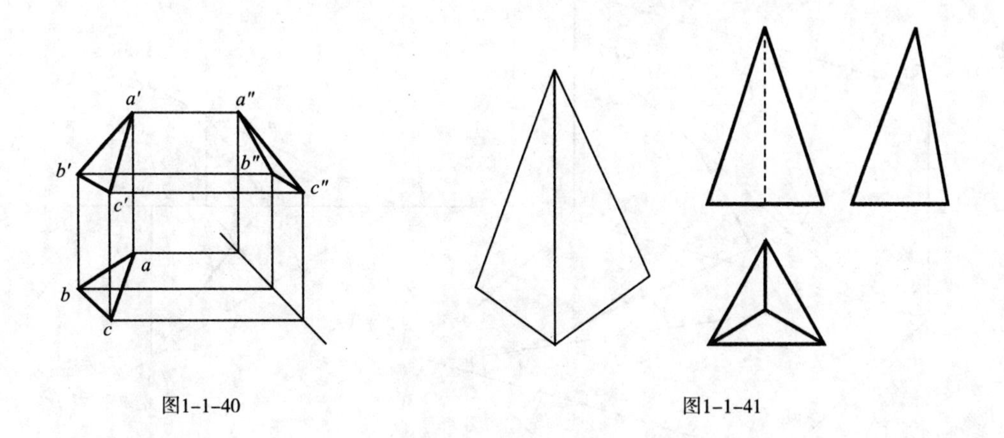

图1–1–40　　图1–1–41

4. 迹线平面

平面与投影面的交线称为迹线，迹线可由同名迹点连线求得。迹点是直线与投影面的交点。

直线迹点：如图1–1–42(a)、(b)。

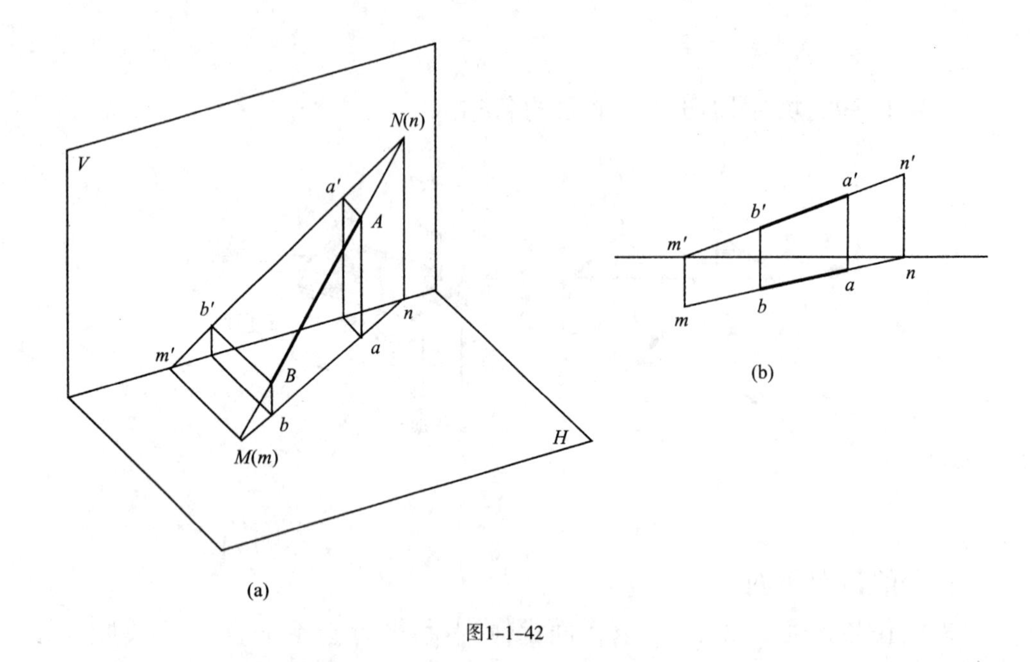

图1-1-42

平面迹线：根据确定该面的几何元素而定。如图1-1-43(a)、(b)，求相交两直线AB和CD确定的平面迹线。

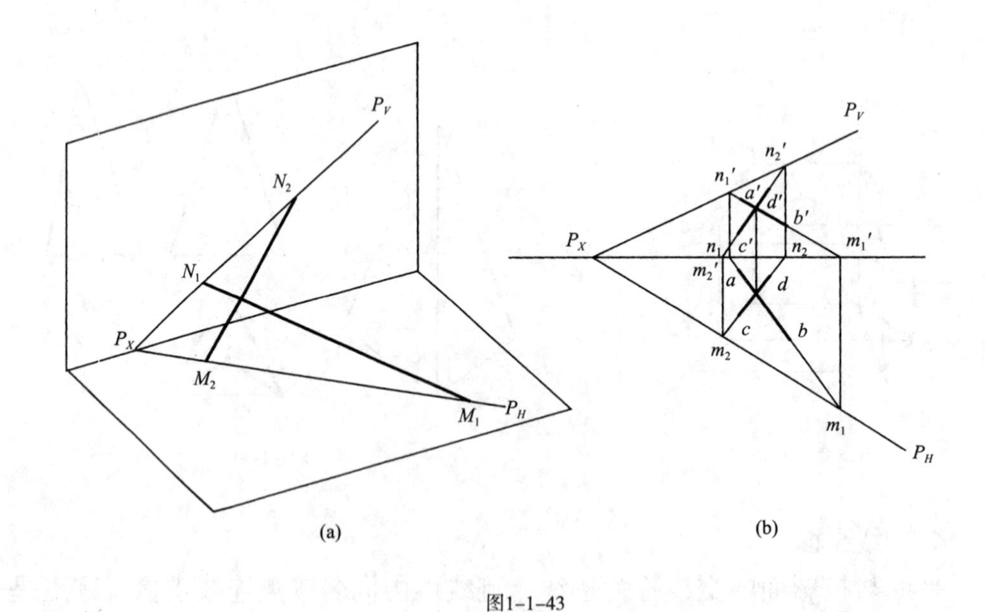

图1-1-43

作法：作AB的迹点，延长$a'b'$交m_1'，延长ab求得m_1和n_1，再由n_1求得n_1'，即求得AB的水平迹点m_1和正面迹点n_1'，同样方法求得CD的迹点m_2和n_2'，最后将同面迹点相连，求出P_H和P_V两条迹线，两条迹线交点P_X必然落在OX轴上。用迹线表示平面，图1-1-44表示的为一般面Q与V面和H面相交的交线，Q_V为与V面相交的交线，Q_H为与H面相交的交线，此两交线也就是我们说的迹线，用这两条迹线就可以表示该平面。

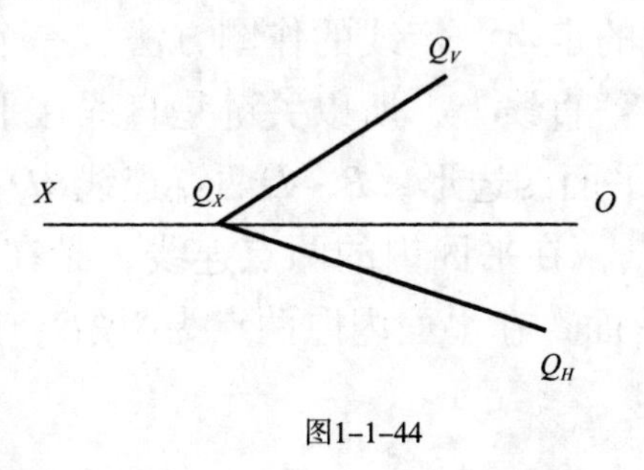

图1-1-44

如果是特殊面，例如投影面垂直面，可以只用与积聚性投影重合的一条迹线来表示。

如图1-1-45，(a)为正平面的迹线，P面为正平面，也是铅垂面，P面在水平投影有积聚性(P面上所有的点、线之投影都积聚在该直线上)，只画出P面的水平迹线P_H就能表示P面。(b)为水平面R面的迹线表示方法，R面在正面有积聚性，画出R_V。(c)、(d)、(e)为正垂面的迹线表示方法。(c)画上水平迹线，但主要是用正面迹线表示正垂面，正面迹线有积聚性。(d)画上投影轴OX，表示该正垂面与投影轴的位置关系，有具体的位置。(e)为一般的正垂面的迹线表示法，不画投影轴，在迹线上标出S_V(S——平面代号；V——在正面投影)。(f)为铅垂平面T面的迹线表示方法，在水平迹线标出T_H。

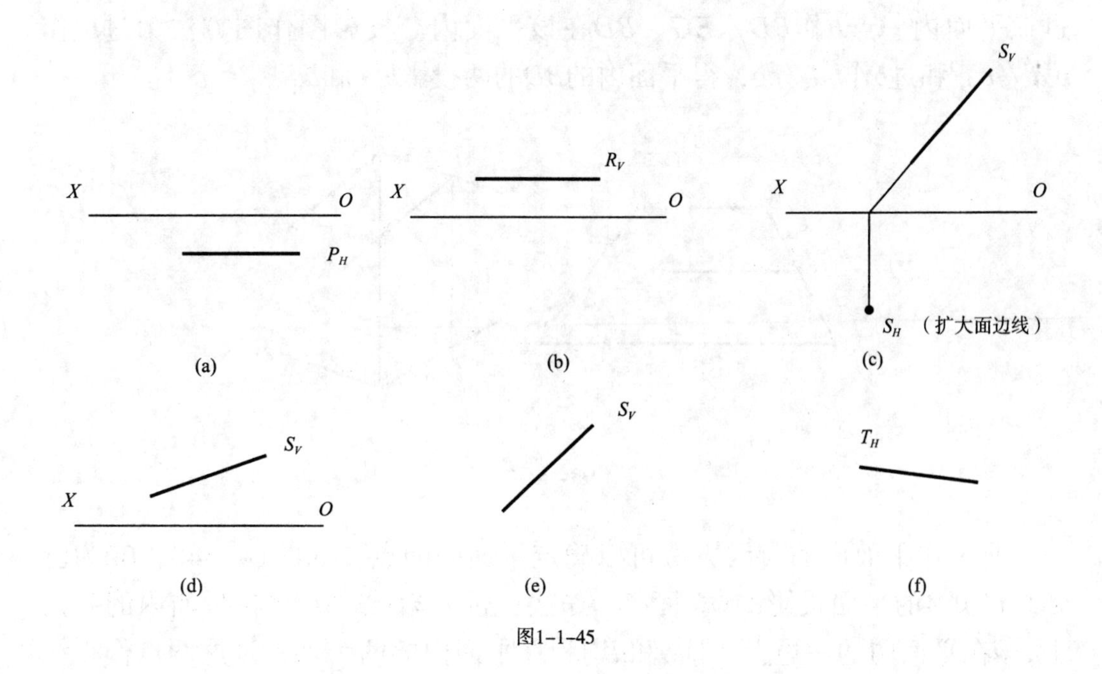

图1-1-45

5. 平面内的直线和点

关于平面内的直线和点，关键点为确定直线和点是否在平面内，要了解原理，从而掌握平面内的定点、定线的作图方法。一个点如果在平面内，这个点必然在平面内的一条直线上，所以关键是直线在平面内的判定方法。如图1–1–46，(a)为*ABCD*平面四边形，*B*、*D*两点连线*BD*在*ABCD*平面内。因点*B*和点*D*均为平面内的点，在平面内的两点连线，必在该平面内；(b)为*EF*与*EG*两相交直线组成的平面，在平面内取两点为*B*及*D*，则连线*BD*(在投影图中为*b'd'*及*bd*)必在平面内。

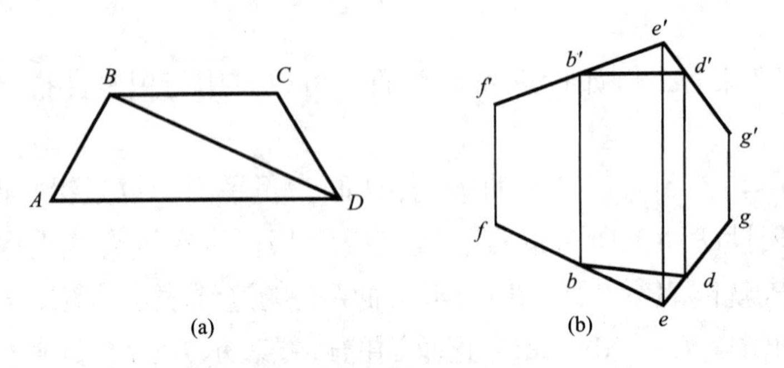

图1–1–46

如图1–1–47，在平面内一点和过该点作一直线与平面内的线平行，所作的直线是在平面内。(a) 点*E*在*ABCD*平面内，过点*E*作*EF*∥*BC*，所作的*EF*是在*ABCD*平面内的直线；(b)为*EF*与*EG*两直线相交组成的平面投影图。过该平面内一点*B*作*BD*∥*EG*，*BD*在该平面内。投影图作图方法为过*b'*作*b'd'*∥*e'g'*和过*b*作*bd*∥*eg*，得平面内的*BD*的两投影*b'd'*和*bd*。

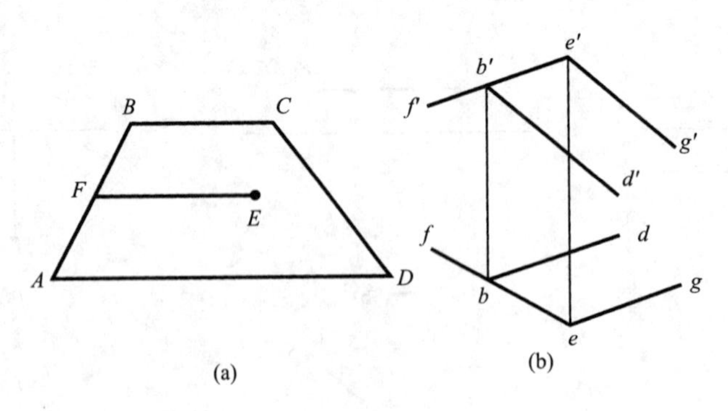

图1–1–47

通过作平面内的直线方法可以确定平面内的点，如图1–1–48，(a)为已知，已知*A*的平面投影*a*求立面*a'*。作法：过*a*作直线*bd*，*b*在平面内的一角上，*d*在平面内的一边上，即*b*和*d*均为在平面内的两个点，过这两点作直线在平面内，又因是过a所作，a为平面内的水平投影，再在正面投影上求得a'，如图(b)所示。(c)为另一种作图法，即过水平投影a作出ac平行于底边，交斜边于c，对应求出$c'a'$和确定a'。

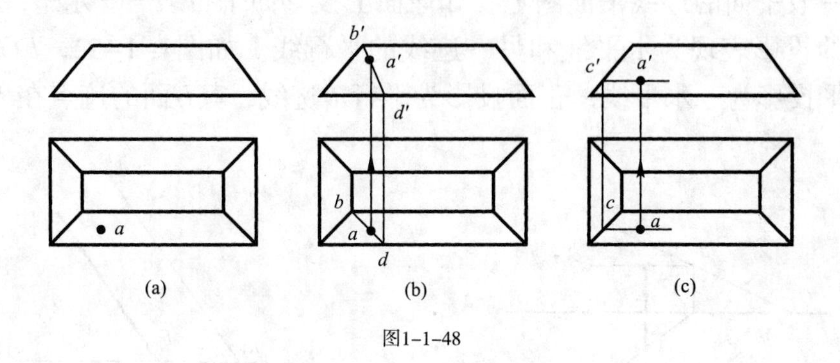

图1-1-48

图1-1-49为△ABC面内定点的方法，已知平面内K的k'，求k。作法：在正面投影中过k'作任意一线$d'e'$ 并相应投下得d、e，连d、e两点得de，再将k'向下投影求出k。

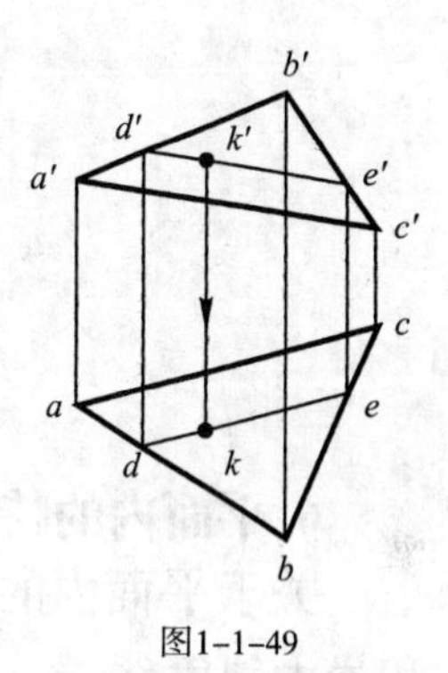

图1-1-49

以上为平面图形面内定点的方法。在迹线平面上的定点方法其原理与平面图形面内定点是一样的。如图1-1-50，(a)为迹线平面P位置示意图，点A在P面内，过点A作的任意BC也在P面内，因为B、C两点在两投影面的迹线上；(b)为投影图，一般线BC如在迹线平面P上，其两投影面的迹点必在相应的迹线上；P面上一点A，必可在面上任一直线上，即可在P面过点A作面上任意直线，BC为迹线平面上的一般线。

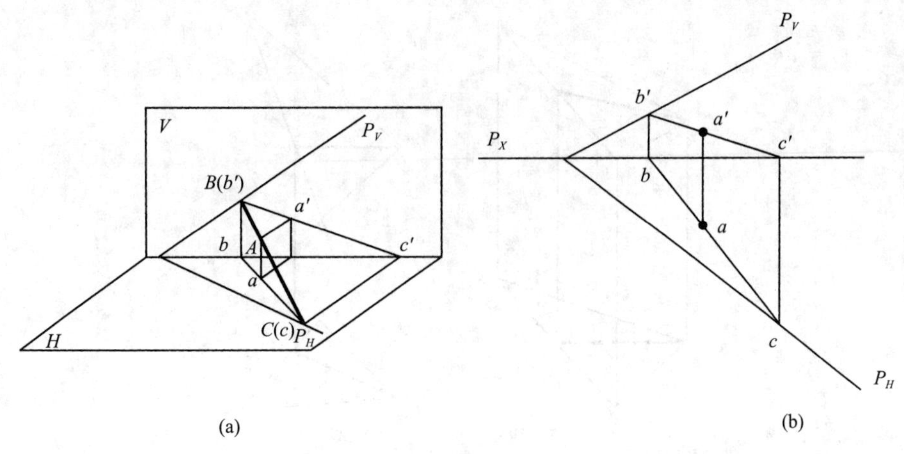

图1-1-50

图1–1–51为迹线平面Q的平面内的水平线DE的投影图，如已知a'的投影，可以过a'作水平线$d'e'$，其水平投影de为平行Q_H迹线，先作de，再由a'投下求出a。

在一般平面的迹线平面图上，如该面上投影面平行线——水平线或正平线，线的投影表现为水平线和另一迹线的平行线。如图1–1–52，FG为正平线，水平投影为一水平线，正面投影为平行R_V迹线，其H面的迹点在R_H上。

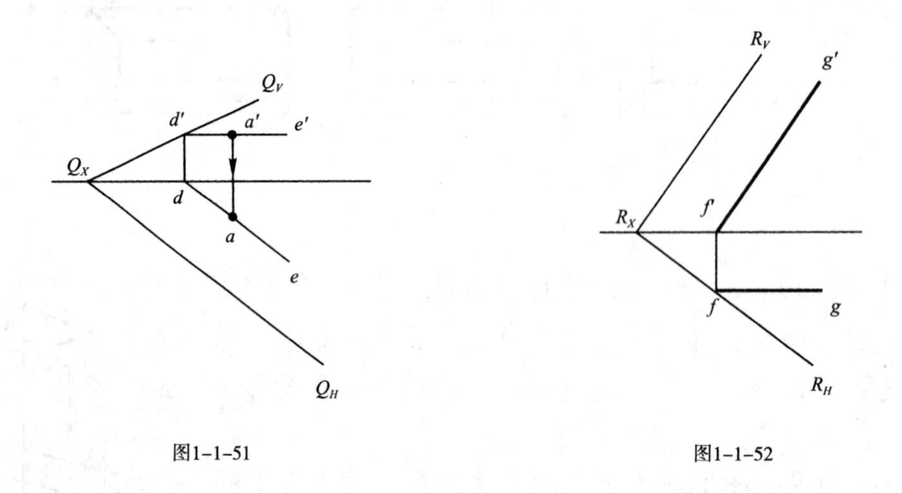

图1–1–51　　图1–1–52

6. 平面内的特殊直线

关于平面内的特殊直线，主要介绍平面内与投影面平行的投影面平行线和最大斜度线。

如图1–1–53，(a)过a作水平线ad，在正面投影相应求出$a'd'$。AD为△ABC面上的正平线；(b)$d'g'$为水平线，dg对应求出。DG为△DEF面上的水平线。

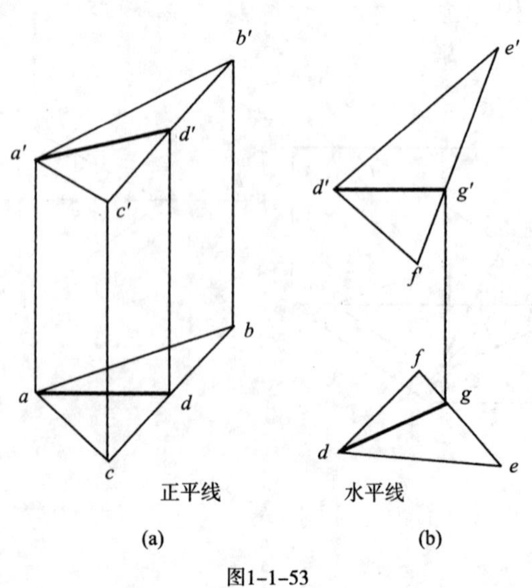

图1–1–53

以上两图均为过已知点作的正平线或水平线。也可以在面上作任意的水平线或正平线，如图1–1–54，在△ABC中作任意的水平线和正平线，图中DE为水平线，FG为正平线。

所谓平面上的最大斜度线就是在平面上垂直于投影面的平行线的直线。如图1–1–55中的AB，它是垂直于水平线的，叫作对水平面(对H面)的最大斜度线。

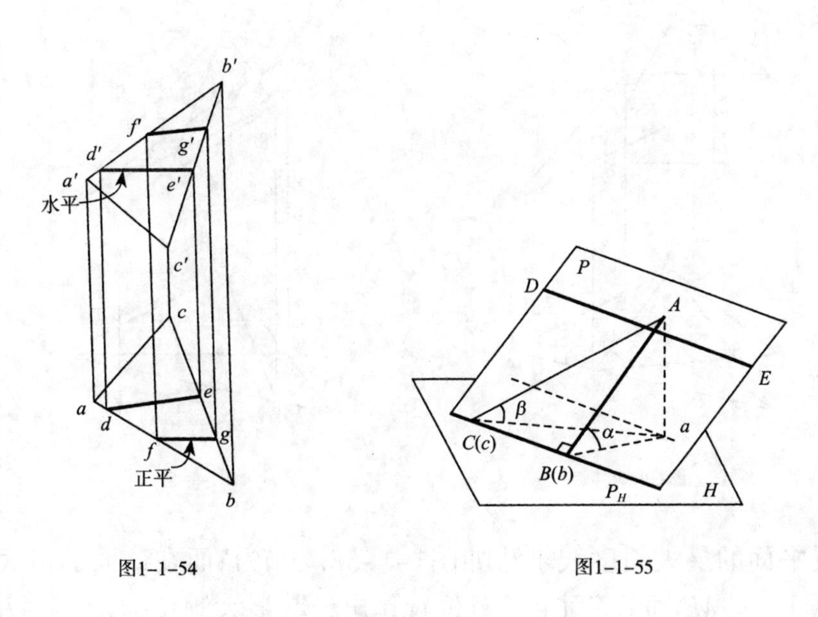

图1–1–54　　图1–1–55

AB垂直于水平线DE，并垂直于P面的水平迹线P_H，点B在迹线P_H上，点A的水平投影为a。设△ACa的倾角为∠β，△ABa的倾角为∠α，两三角形比较：Aa共有，$AC>AB$，所以∠β<∠α，∠α比任何直线的倾角均大，AB为最大斜度线。AB垂直于平面的水平迹线，∠ABa为P面和H面所构成的两面角的平面角，最大斜度线的倾角∠α等于P面对H面的倾角。

例:

作一般面△ABC对H面的最大斜度线。

求对H面的最大斜度线，就是要作出垂直于面内的水平线的斜度线。如图1–1–56，在△ABC面内作水平线CD，即在正面投影过c'作水平线$c'd'$，并相应在水平投影作出cd。再过A作AE垂直CD，即在水平投影中过a作ae垂直cd，并相应作出$a'e'$；AE为对H面的最大斜度线。ae和$a'e'$是AE在两个投影面的投影，要求其真实的倾角需用直角三角形法求得。过a作aa_0垂直于ae，a'和e'的高差等于y，截$aa_0=y$。连a_0e，得∠a_0ea=∠α，∠α为△ABC对H面的倾角。

如果作△ABC对V面的最大斜度线，就是要作出垂直于面内的正平线的斜度线。该线的正面投影垂直于正平线的正面投影，如图1–1–57，作正平线BF，即在水平投影作水平线bf，在正面投影作$b'f'$，作AG垂直于BF，即$a'g'$垂直于$b'f'$，相应作出ag，然后用直角三角形法求得∠β，∠β为△ABC对V面的倾角。

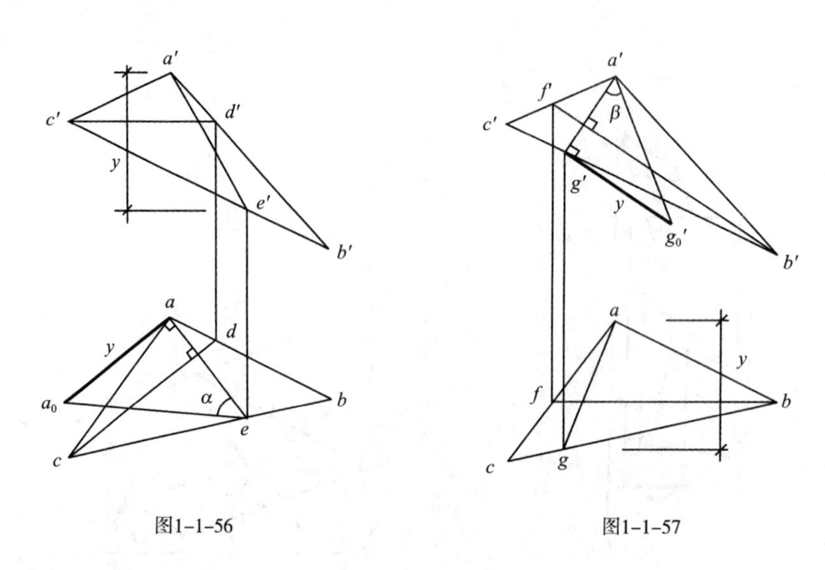

图1–1–56　　图1–1–57

迹线平面的最大斜度线求法如图1–1–58。(a)为S面在该面的最大斜度线MN，$MN \perp S_H$。MN可在S面上任意位置作出，其最大倾角为∠α (对H面的倾角)。(b)为投影图的作图方法，MN的水平投影$mn \perp S_H$，在S_H线上任取一点m作垂直线交于OX的点n，再相应求出$m'n'$。mn和$m'n'$分别为MN的水平投影和正面投影，可用直角三角形法求出∠α。

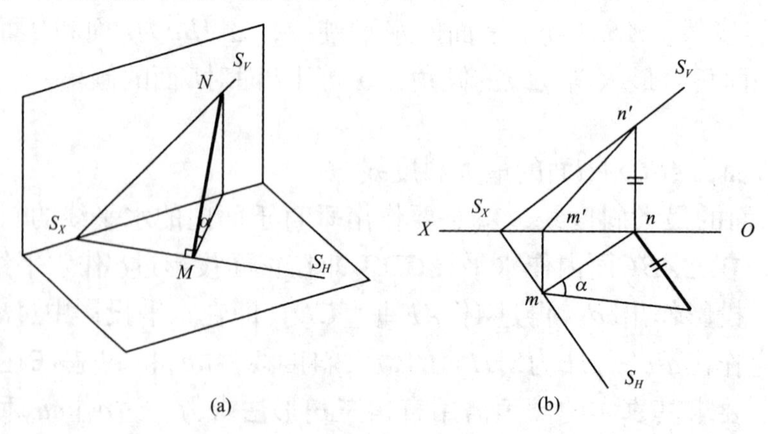

图1–1–58

第二节　线与面的各种相对位置的投影

一、直线与平面平行、两平面平行

1. 直线与一般面平行

直线与一般面是否平行的判定规则：一直线与平面内的直线平行，则此直线与该面平行。如图1–2–1，如AB与P面内的CD平行，则AB平行于P面。如图1–2–2，判断DE是否平行于△ABC：①过a'作$a'f' \parallel d'e'$；②作出AF的水平投影af；③af不平行于DE的水平投影de。判断DE不平行于△ABC。

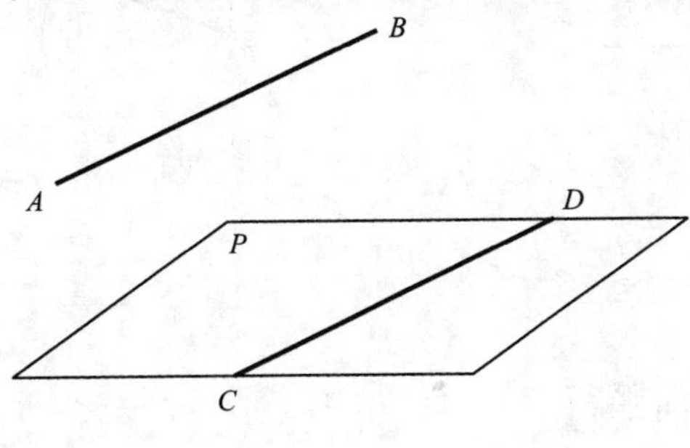

图1–2–1

例：

过点A求作水平线平行于△BCD，如图1–2–3。

作法：过点A作水平线必平行于该平面上所作的一根水平线：①作BE水平线；②过点A作水平线L，$L \parallel BE$，L线为所求。

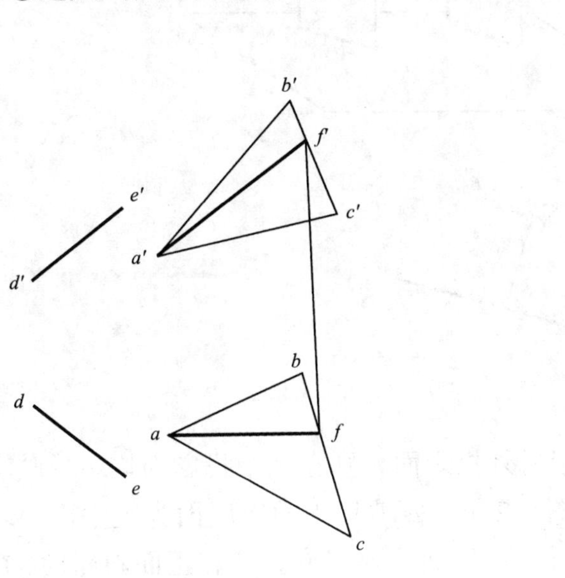

图1–2–2

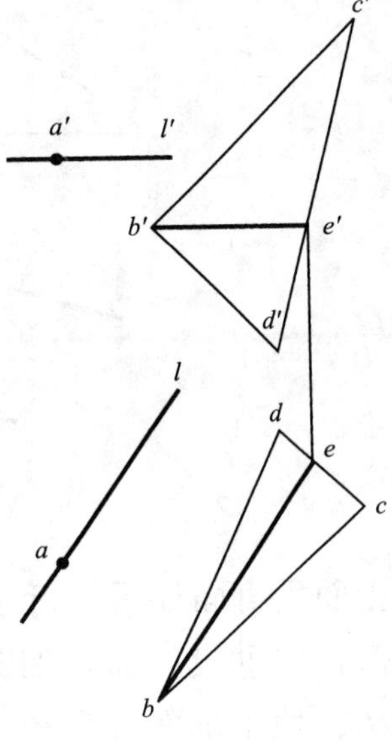

图1–2–3

2. 直线与投影面垂直面平行

如图1-2-4，判断迹线平行。(a)为铅垂面P与AB平行的立体示意图；(b)为铅垂面P与AB平行的投影图；(c)为正垂面Q与CD平行的投影图。

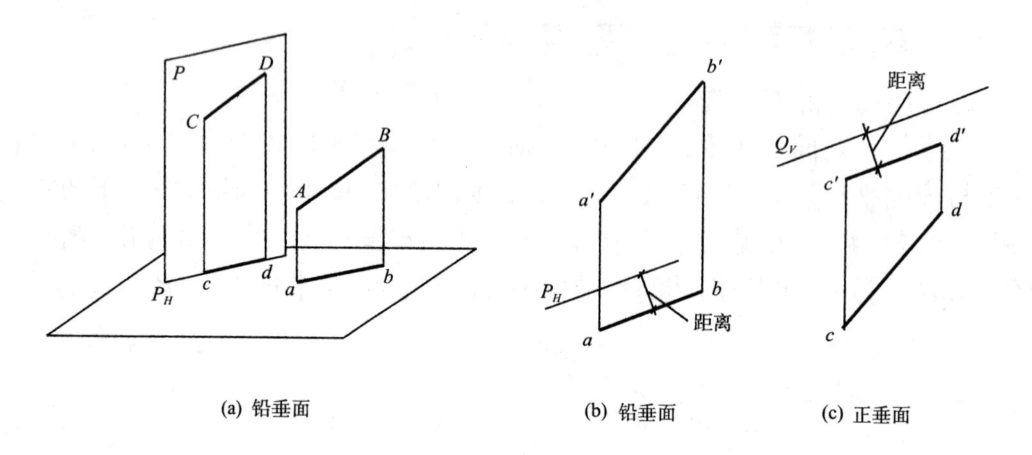

(a) 铅垂面　(b) 铅垂面　(c) 正垂面

图1-2-4

3. 两平面平行

(1)两投影面垂直面平行

判断：两平面在同一投影面上的迹线（有积聚性投影）平行，则该两平面平行，两平面迹线的距离反映两平面的真实距离，如图1-2-5。

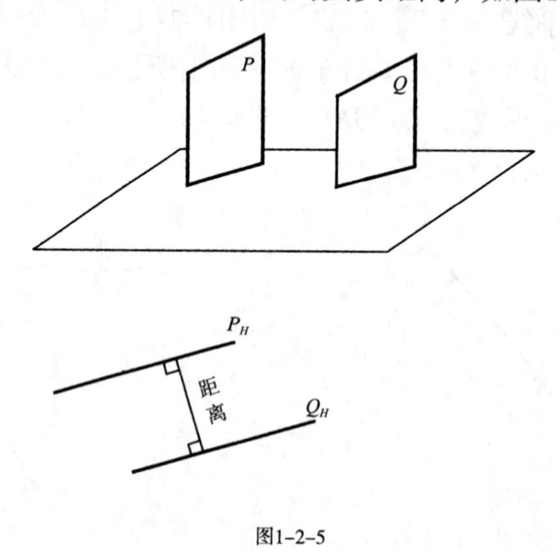

图1-2-5

投影面垂直面如不平行于另外投影面，则在三个投影面均不反映实形，求实形需作辅助投影面。如图1-2-6，四坡顶正面斜屋面为正垂面，求其实形，作H_1，使正垂面与它平行，在H_1面反映实形。H_1和正面斜屋面Q在正面的投影为两段平行的迹线。在H_1上作垂线并截取线段Y_1和Y_2，再连线求得。

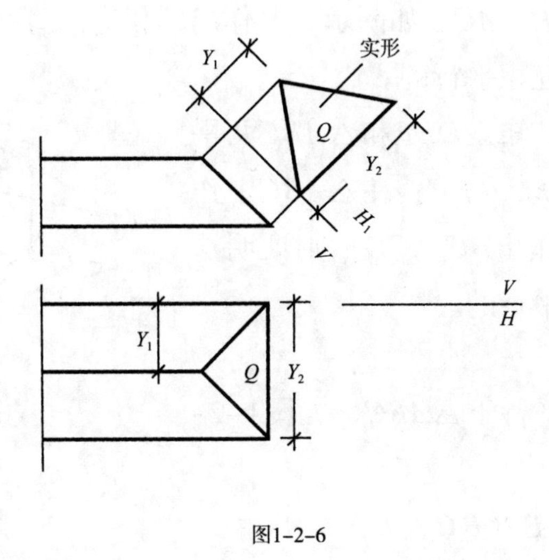

图1-2-6

(2)两一般面平行

判断规则：两平面之相交两直线对应平行，则两平面平行。

如图1-2-7，空间的P和Q两平面，在P平面作AB与CD两相交线，又在Q平面作A_1B_1与C_1D_1两相交线，如$AB /\!/ A_1B_1$，$CD /\!/ C_1D_1$，则P与Q两平面平行。

例1：

$\triangle ABC$与$\triangle DEF$是否平行？如图1-2-8。

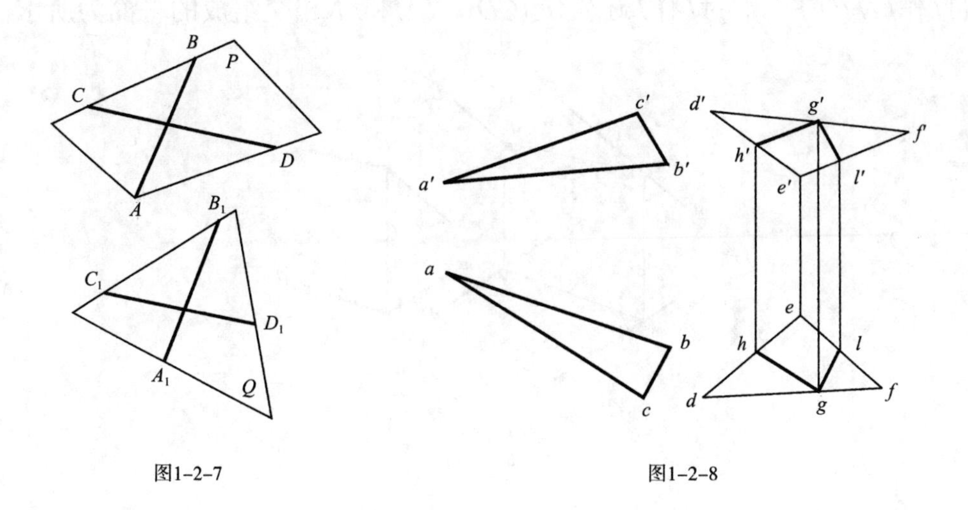

图1-2-7　　图1-2-8

作法：在△*DEF*中作相交的两直线*GL*和*GH*平行于△*ABC*的对应边投影，即*GL*//*CB*，*GH*//*AC*。如图示，所作出的相交两直线是对应平行的，证明这两个三角形是互相平行的。

如图1-2-9，已知△*DEF*和△*ABC*两平面有一边平行，即*BC*//*EF*，在△*ABC*中作*BG*//*FD*，如果能作出*BG*//*FD*，则证明这两个三角形是互相平行的。

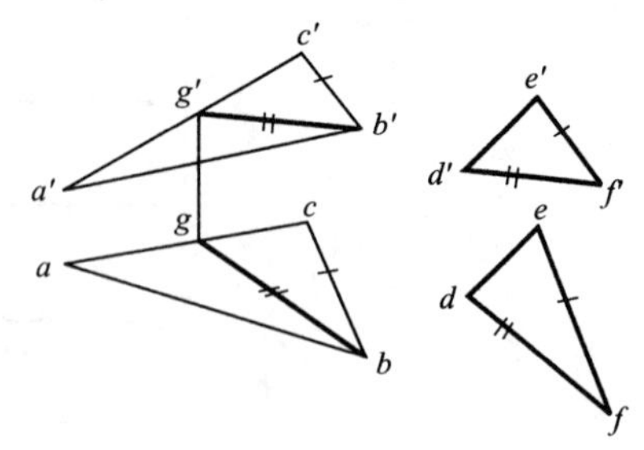

图1-2-9

例2：

过点*D*作平面平行于△*ABC*，如图1-2-10。

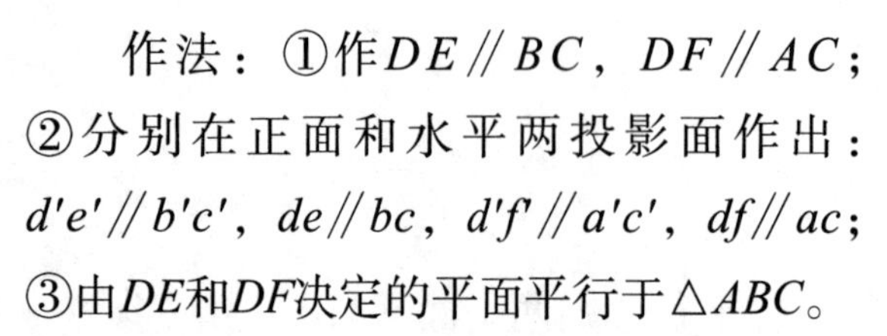
作法：①作*DE*//*BC*，*DF*//*AC*；②分别在正面和水平两投影面作出：*d'e'*//*b'c'*，*de*//*bc*，*d'f'*//*a'c'*，*df*//*ac*；③由*DE*和*DF*决定的平面平行于△*ABC*。

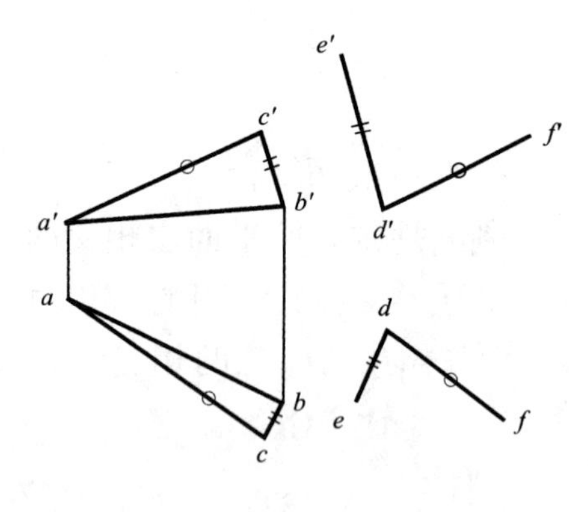

图1-2-10

例3：

过已知点*L*作相交的两直线所决定的平面平行于由两平行线组成的平面，如图1-2-11。*AB*//*CD*，两直线组成平面。作法：①在平行的两直线*AB*、*CD*上作*EF*；②过*L*作*LN*//*EF*；③过*L*作*LM*//*AB* (*CD*)。*LM*和*LN*相交组成的平面为所求。

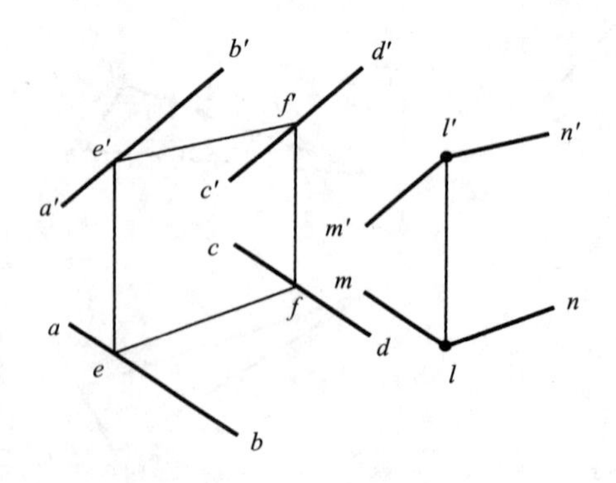

图1-2-11

二、直线与平面相交、两平面相交

直线和平面相交有一交点，平面与平面相交有一交线。

1. 直线与投影面垂直面相交

如图1–2–12，P_H有积聚性，它与同面投影的交点便是所求交点的同面投影，e和e'为其交点E的两个投影面的投影。

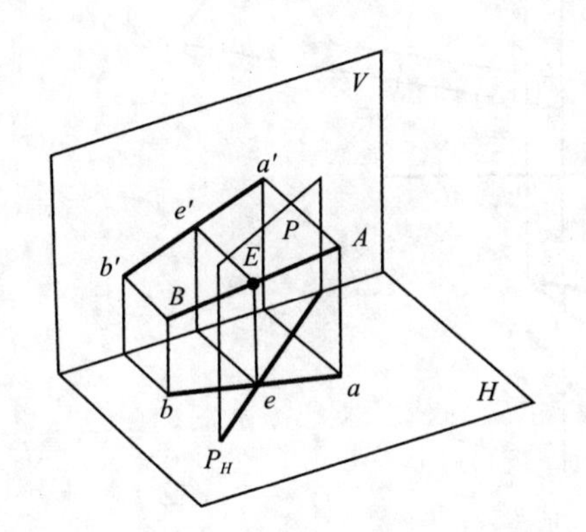

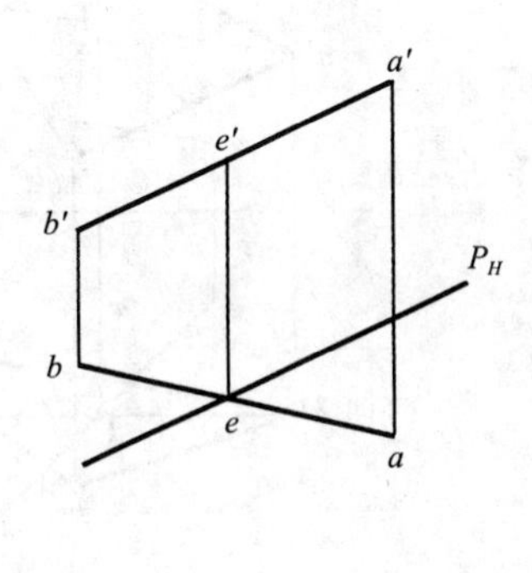

图1–2–12

2. 直线与一般面相交

如图1–2–13，求直线DE与△ABC的交点。作法：①作辅助面(铅垂面)P迹线P_H与AC交于F，与BC交于G(得f、g)；②在正面求出$f'g'$，$f'g'$与$e'd'$相交于k'；③求出水平投影k，为所求；④判别可见性，kII段可见，kI段不可见。

求直线与平面交点的另一方法——辅助投影面法(变换投影面法)，如图1–2–14。

变换H面使△ABC为垂直面。作法：①已知DE和△ABC的两个投影；②作正平线AF(水平投影为水平线)；③作新辅助面H_1垂直AF投影面的迹线与$a'f'$垂直，△ABC成为新投影面的垂直面；④求$a_1b_1c_1$和d_1e_1；⑤d_1e_1与积聚投影$a_1b_1c_1$交点k_1；⑥用k_1反求k'和k(投影到原投影图上)；⑦判别可见性，$d'k'$和dk可见(交点为可见和不可见的分界点)。

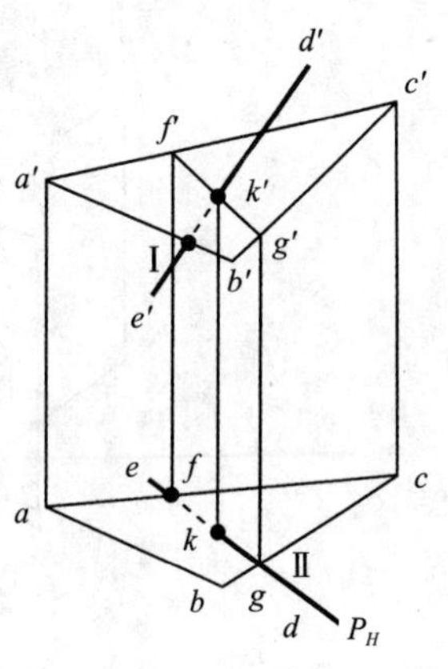

图1–2–13

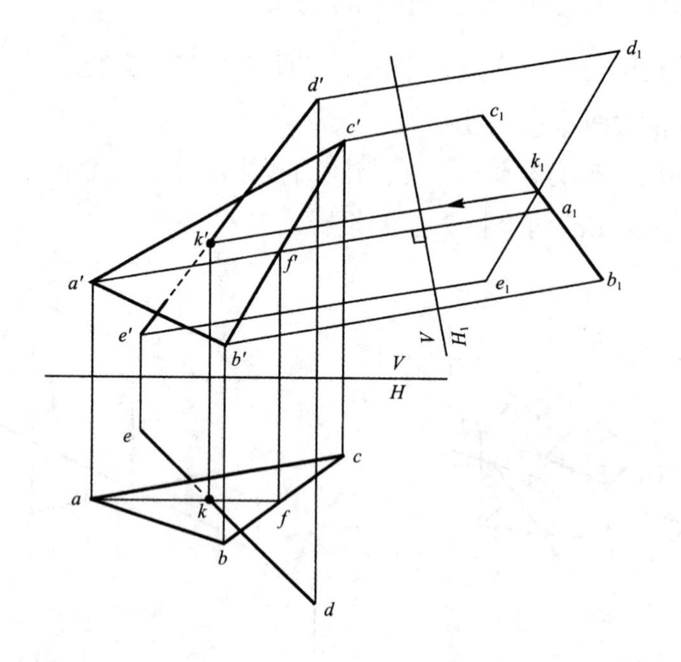

图1-2-14

3. 两平面相交

(1)两投影面垂直面相交

两铅垂面相交，相交线L为一铅垂线，如图1-2-15。

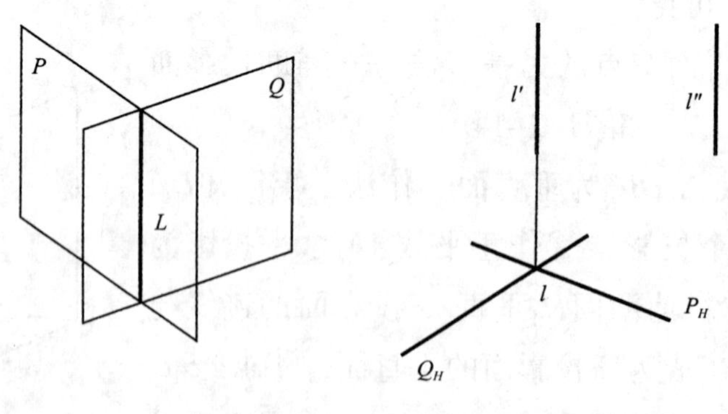

图1-2-15

两正垂面相交，交线M为一正垂线，如图1-2-16。

两侧垂面相交，交线N为一侧垂线，如图1-2-17。

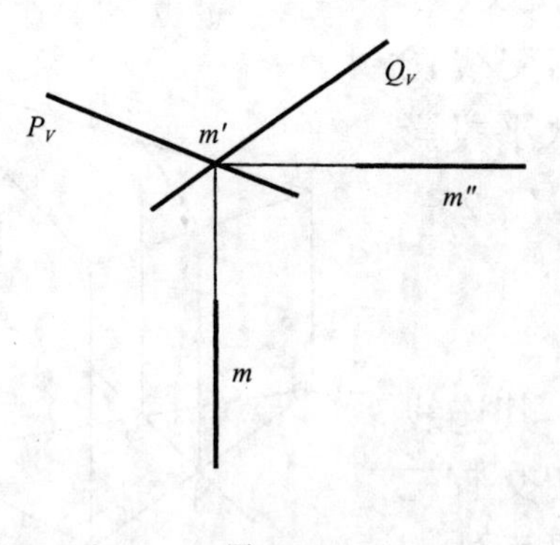

图1-2-16

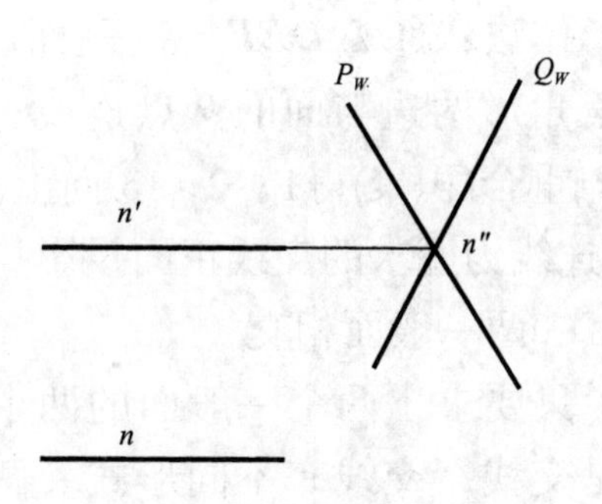

图1-2-17

图1-2-18为两投影面垂直面分别垂直于不同的投影面，相交线EF的两投影分别在T_V和P_H上。

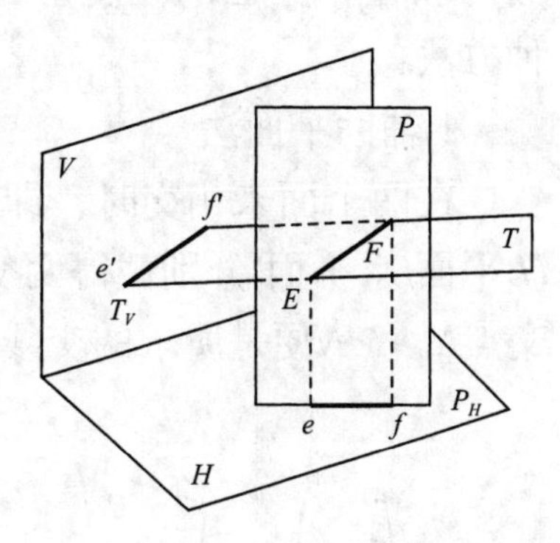

图1-2-18

(2)一般位置平面与特殊位置平面相交

如图1-2-19，求作$\triangle ABC$和正垂面Q的交线。

作法：一般位置平面与特殊位置平面相交，可以看成是一般位置平面内的两条直线和特殊位置平面的两个交点的投影——线与面相交。图1-2-19(a)为空间示意图；(b)为投影图作法。

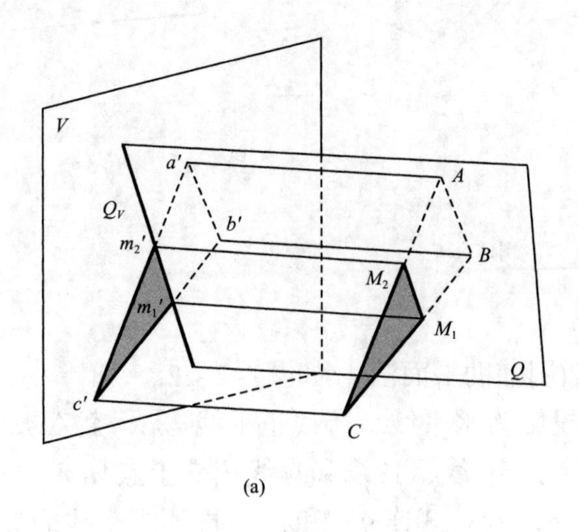

(a)

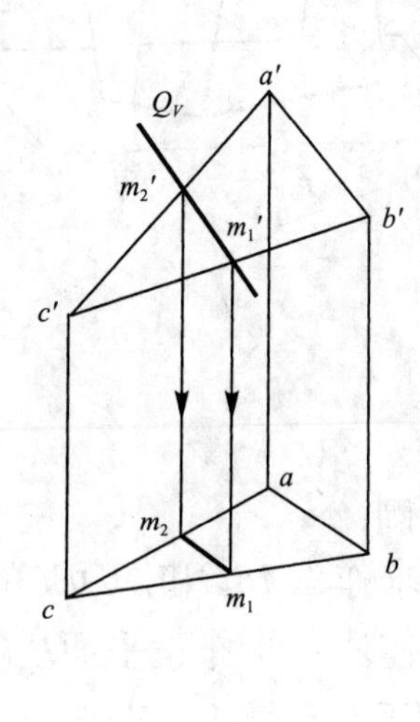

(b)

图1-2-19

图1-2-20为一般面与铅垂面相交，求交线。

作法：①$\triangle DEF$与铅垂面P相交，相交线12是三角形两边与面的交点连线；②交线水平投影与P_H重合(积聚)得1、2；③向上投影求出1′、2′，1′2′连线为所求的交线正面投影。

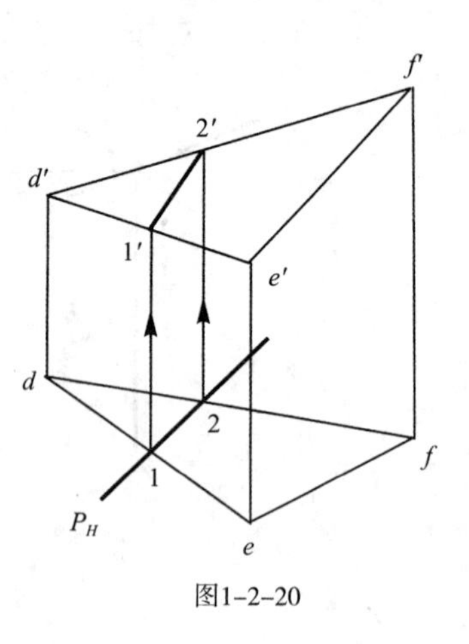

图1-2-20

(3)两一般面相交

只要求出两个一般面的两个公有点，其连线便是交线，交线有不同形式。两一般面相交有三种形式，如图1-2-21，(a)、(b)、(c)分别是面外、面内和互相穿插的相交形式。求它们的交线有两种方法：

1)辅助平面法

在两个面未相交时，即其交线在面外时用此法求作。如图1-2-21(a)，用H_1平面(水平面)分别截得两交线L_1和L_2得交点M，再用水平面H_2以同样方法得交点N，MN便是所求的交线。

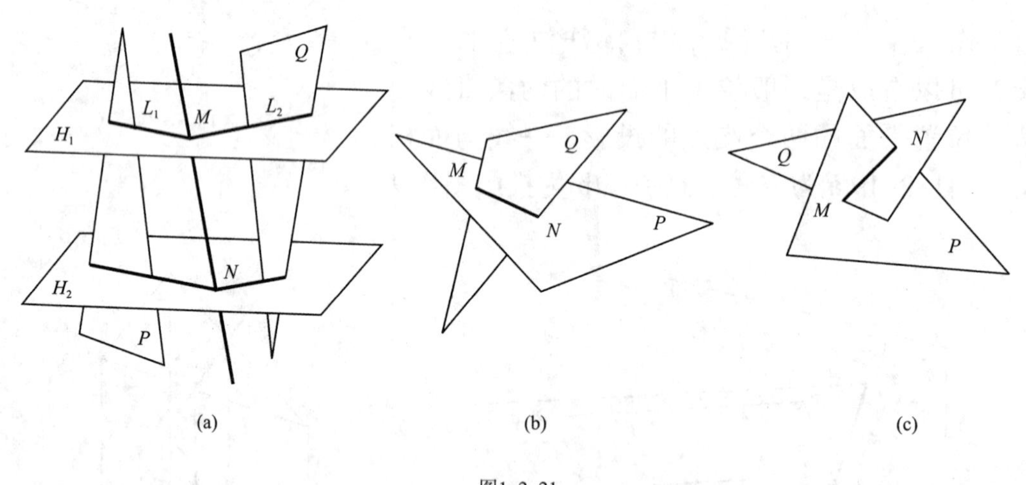

图1-2-21

例：

求作$\triangle ABC$和$\triangle DEF$的交线(用辅助平面法)，如图1-2-22。

作法：①作正平面P_1(水平投影为水平线，迹线正平线P_{H1})，截$\triangle ABC$和$\triangle DEF$于直线(1、2、3、4点)12线、34线，12线和34线相交于点$M(m，m')$；②再作正平面P_2，得另一交点$N(n，n')$；③连$m'n'$和mn，即所求交线的MN的两个投影面的投影。

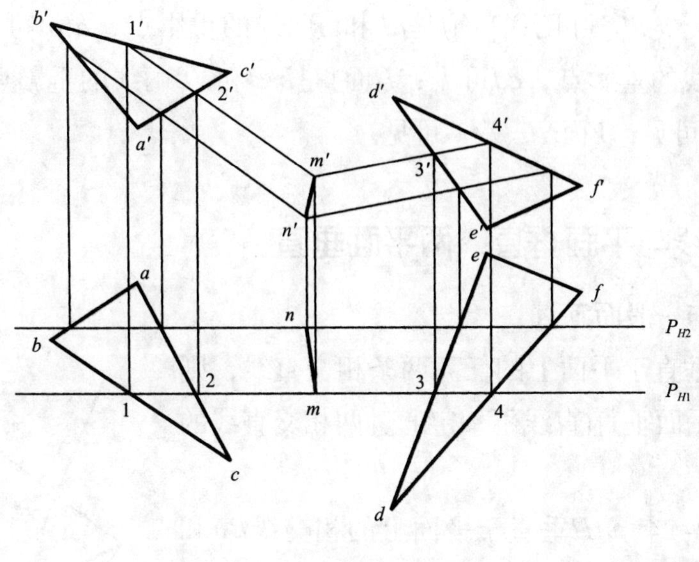

图1-2-22

2)线面交点法

选取两直线分别与两平面相交，求交点，其交点连线即为所求的交线，如图1-2-23。作法：①过AC作正垂面P，连对应点求出点M；②过EF作

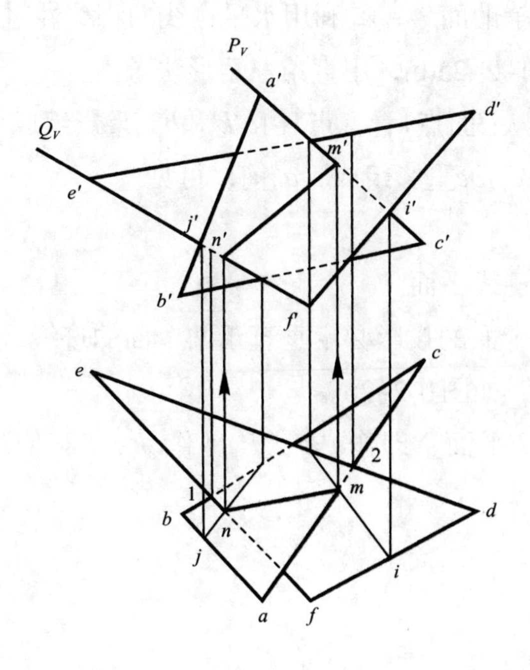

图1-2-23

正垂面Q，连对应点求出点N；③连MN(交线)；④判别可见性：V面i是df和ac两线的重影点，$d'f'$可见；V面j是ab和ef两线的重影点，$a'b'$可见；H面2是$a'c'$和$e'd'$两线的重影点，ed可见；H面1是$b'c'$和$e'f'$两线的重影点，ef可见；H面AM、NE可见；V面NF、AM可见。

三、直线与平面垂直，两平面垂直

1. 直线与一般面垂直

直线若垂直于平面上的任意两条相交直线，则该直线与该平面垂直(直线不一定通过两相交直线的交点)。

如图1–2–24，AH垂直于平面上的相交线BF和GD，则AH垂直于平面$BCDE$。

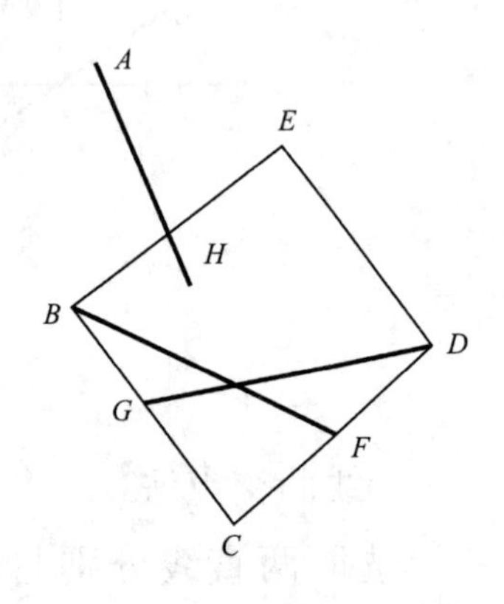

图1–2–24

例1：

过点A求作平面$BCDE$的垂线，如图1–2–25(a)。

作法：①作BF水平线；②作BG正平线；③作$a'h' \perp b'g'$，作$ah \perp bf$，AH为所求的垂线。

求垂足：①作辅助面P_H；②利用水平迹线的积聚性对应求出k'和k。

求距离：如图1–2–25(b)，用直角三角形法求出。

判别可见性：从H面点1看，点1由$a'k'$和$b'c'$重影组成，$a'k'$高，可见。从V面点2看，点2由ak与be重影组成，ak前，可见。

例2：

作直线垂直于迹线平面。

所作直线的两个面的投影必定垂直于两个面的迹线，因为两个面的迹线为水平线和正平线，如图1–2–26。

过点A作$AH \perp P$平面，即作$a'h' \perp P_V$，作$ah \perp P_H$，AH为垂直于P面的直线。

交点：作R_V求作K。

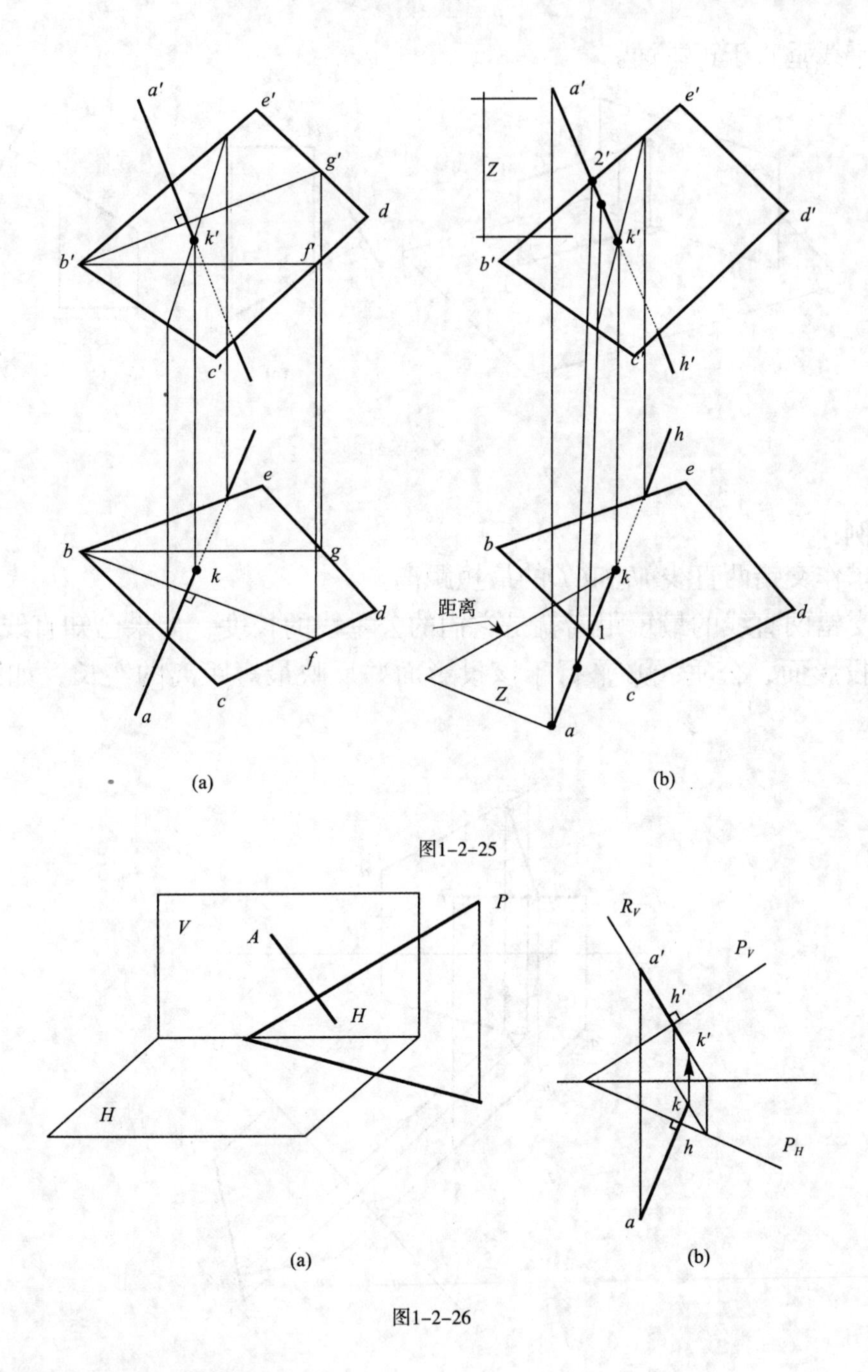

图1-2-25

图1-2-26

2. 直线与投影面垂直面垂直

直线与投影面垂直面垂直，如图1-2-27(a)、(b)，$AB \perp P$(P面为铅垂面)，AB必为水平线，即平行于H投影面(该直线为平行平面所垂直的投影面)。该直线的投影图特性：直线的投影与投影面垂直面的迹线垂直(铅垂面P的积聚投影P_H垂直于水平线AB的H面投影ab，则平面P垂直于直线AB)。图1-2-27(c)

为正平线垂直于正垂面。

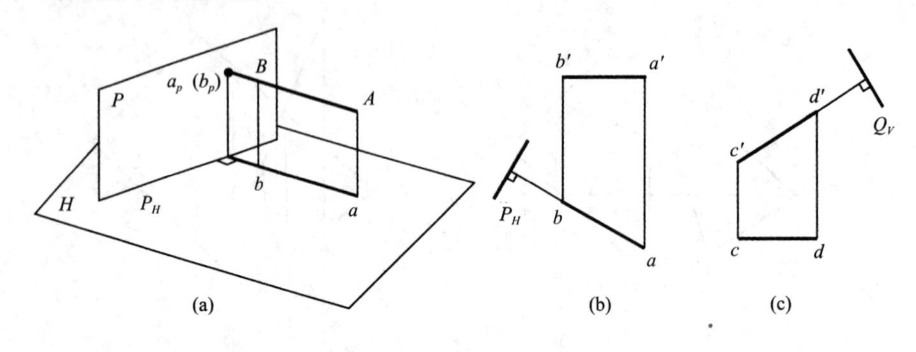

图1-2-27

例：

求作交错两直线AB和CD的最短距离。

交错两直线的最短距离就是它们的公垂线的长度，如果已知直线垂直于某一投影面，公垂线必平行于该投影面并反映最短距离的实长，如图1-2-28。

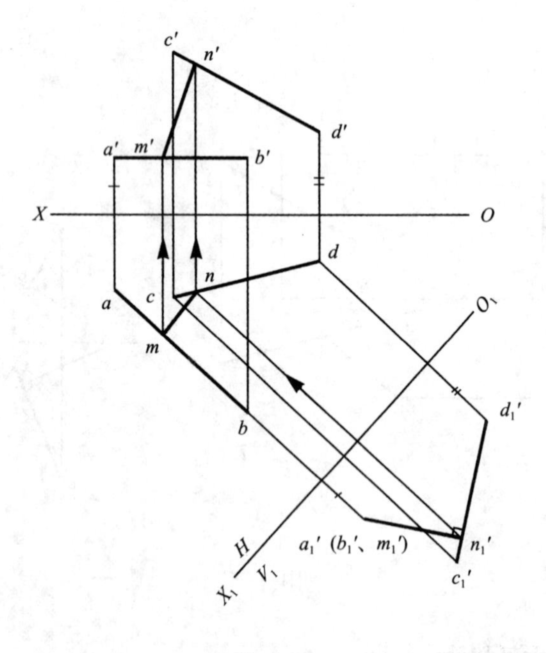

图1-2-28

作法：①AB为水平线，作辅助投影面V_1的积聚投影$a_1'(b_1')$和CD的投影$c_1'd_1'$；②公垂线MN垂直于CD并平行于V_1面。过AB的积聚性投影$a_1'(b_1')$作$m_1'n_1' \perp c_1'd_1'$，反求出n，作$mn \parallel O_1X_1$，求出ab上的m，再向上反求$m'n'$。

③mn和$m'n'$是公垂线MN在两个投影面上的投影，$m_1'n_1'$反映最短距离的实长。

3. 两平面相互垂直

(1)一平面如有一直线垂直于另一平面的面上两相交线，则这两平面互相垂直；

(2)一平面如垂直于另一平面上的一直线，则这两平面互相垂直。

如图1-2-29，$AD \perp EFGH$，如$\triangle ABC$通过AD，则$\triangle ABC \perp EFGH$；$\triangle ABC$上有一直线$AD \perp EFGH$，则$\triangle ABC \perp EFGH$。

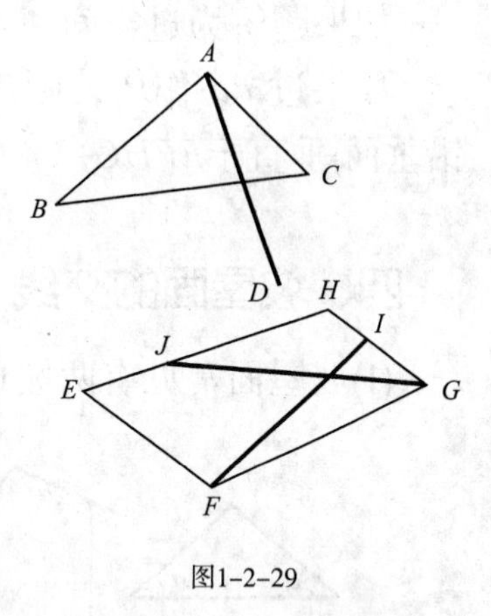

图1-2-29

例：

作$\triangle ABC$垂直于平面$EFHG$，如图1-2-30。

①在平面$EFHG$上作两条直线：正平线HJ，水平线FI；

②在V面任意作$\triangle a'b'c'$，作$a'd'$垂直于正平线$h'j'$，在H面作ad垂直于水平线fi；

③通过ad作$\triangle abc$(求任意相应的水平投影)，$\triangle ABC$为所求(空间的一直线可作无数个平面，有无数解)。

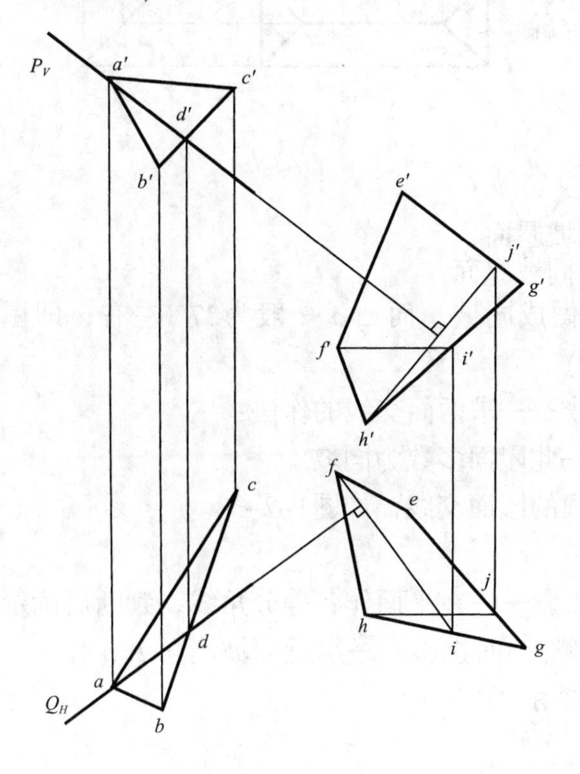

图1-2-30

如果题解为过空间一点作面垂直平面，可定为空间点A作出。

如果过$a'd'$作P_V，则P面(正垂面)垂直于$EFHG$；如果过ad作Q_H，则Q面(铅垂面)垂直于$EFHG$。

四、坡屋面的交线

(1)坡屋面常见有两坡顶、四坡顶，如图1–2–31、图1–2–32。

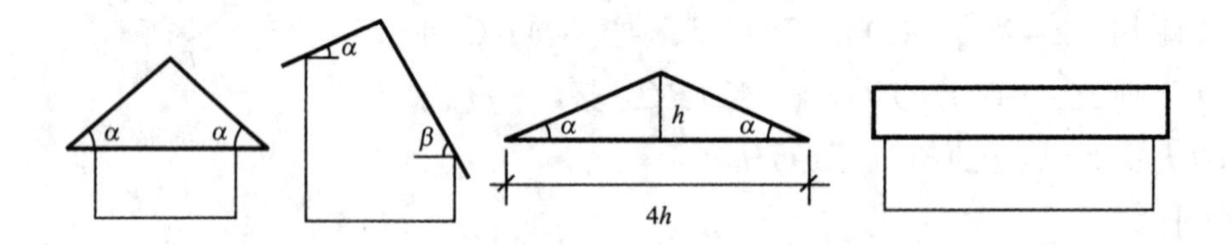

图1–2–31

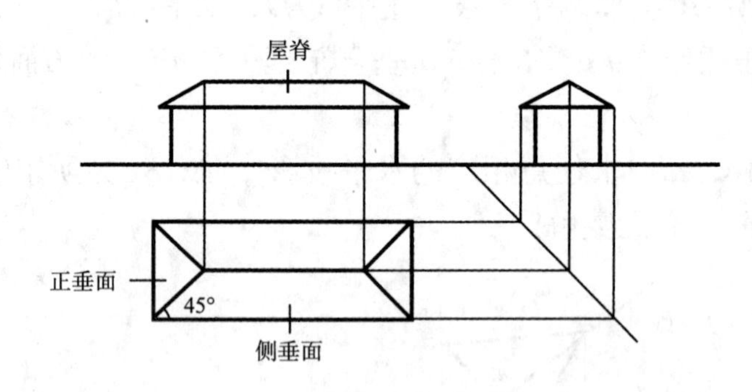

图1–2–32

(2)两坡顶{同坡屋面
不同坡屋面

(3)坡屋面常做成同坡，而∠α一般为27°左右，即屋脊高为屋进深的1/4(广东地区常用)。

坡屋面的交线——求两面交线的作法：

(1)四坡顶——此屋面多数为同坡。

(2)求作四坡顶的屋面交线，如图1–2–33。

作法：

①先求水平投影——在平面作各等分角线，判断后确定交线；

②求正(V)、侧(W)面投影——用屋面坡度角∠α作出。在绘图用三角尺作图时，∠α常取用30°。

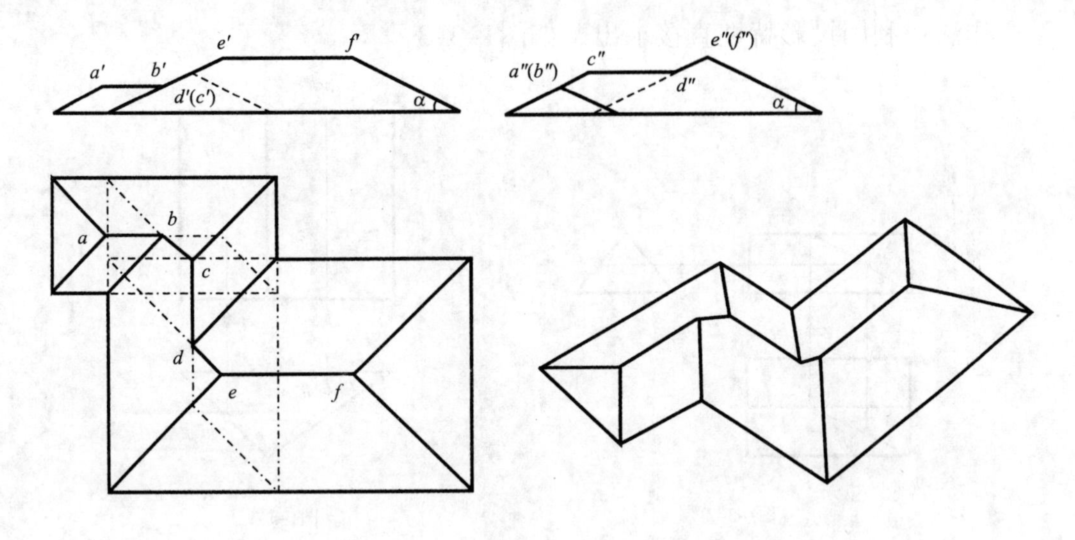

图1–2–33

第三节　平面体和曲面体

•在点、线、面的投影基础上发展到体的投影；

•体分 { 平面体：棱柱、棱锥和棱台等
曲面体：圆柱、圆锥和球等 }

一、体面的定点

1. 三棱柱的投影和定点

图1–3–1为三棱柱的立体图示。

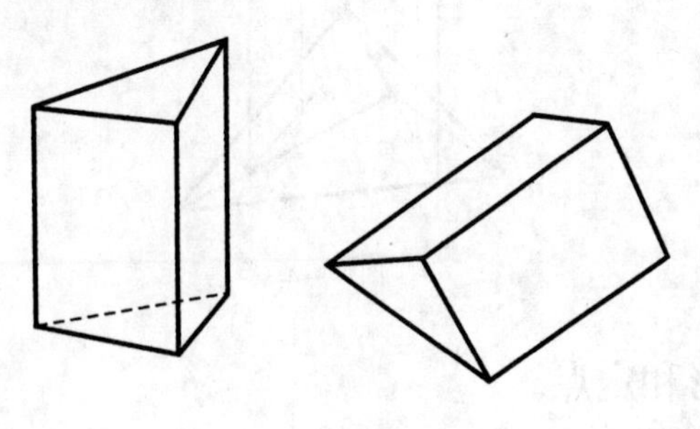

图1–3–1

已知a(A的水平投影)，求a'和a''。

作法：用斜面作辅助线求出，如图1–3–2。

已知点M的正面投影m'和点N的水平投影n，求m和n'。

作法：利用投影特性直接求出，如图1–3–3。

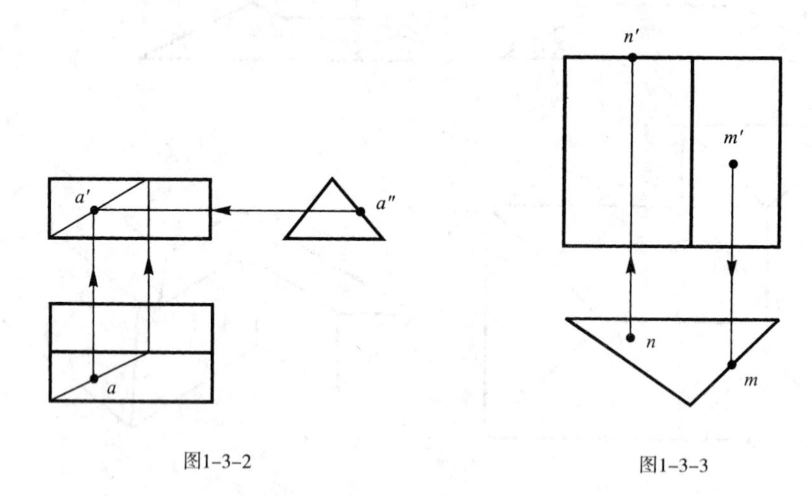

图1–3–2　　图1–3–3

2. 三棱锥的投影和定点

已知三棱锥面上点M的m和点N的(n')，底面平行于H面，求m'和n。

作法：①过m作s1，在正面(V)求作s′1′。再将m向上求出m'；②过(n')作水平线，交$s'b'$棱于2′，再在sb棱求出2，过2作线平行于bc，再将(n')向下投求出n，如图1–3–4。

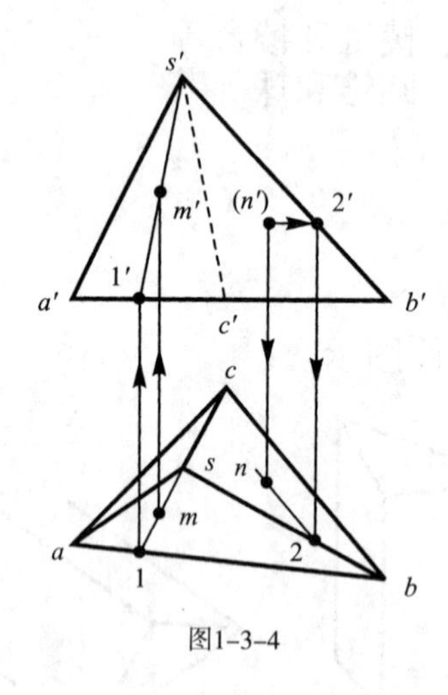

图1–3–4

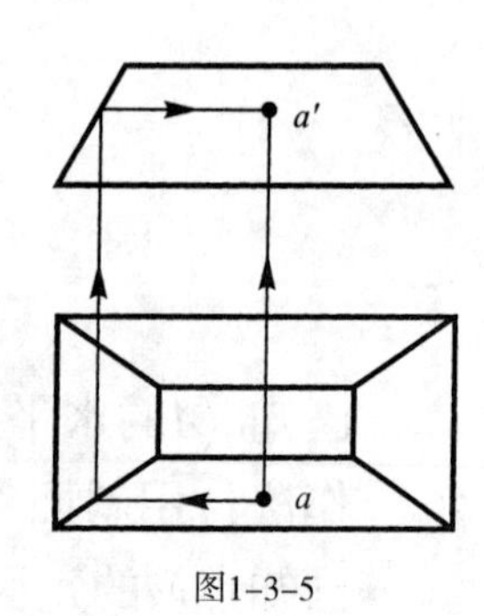

图1–3–5

3. 四棱台的投影和定点

已知平面(H面)的投影a，求a'，如图1–3–5。

作法：作辅助线求出，如图示。

4. 圆锥面上的定点

(1)素线法，如图1–3–6。

(2)纬圆法，如图1–3–7。

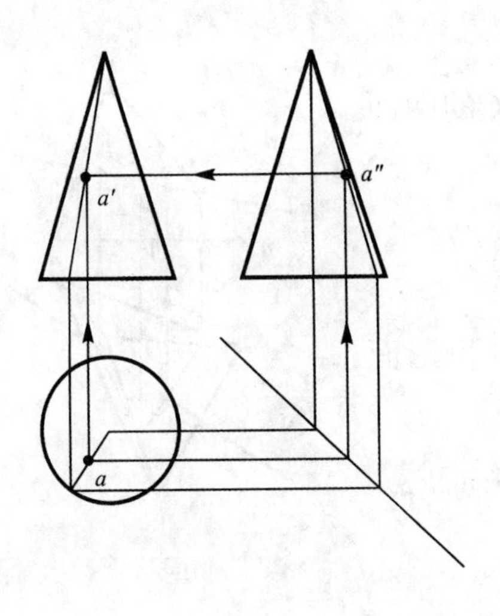

图1-3-6

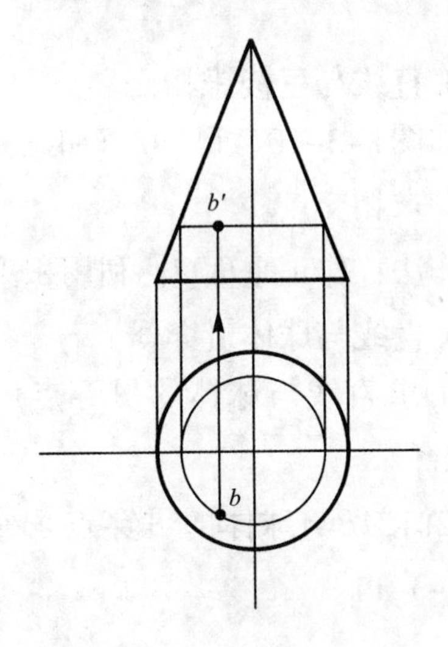

图1-3-7

二、直线与立体表面相交

1. 直线与四棱柱相交

(1)求贯穿点，实质是求线面交点；

(2)求*AB*与四棱柱的交点，如图1-3-8。

作法：①利用水平投影有积聚性向上反求；

②水平投影*m*为重影点，可从*V*面判断，点*k′*为穿入点，点*n′*为穿出点；

③判断可见性——从*H*面点*m*确定*AK*为可见，*KN*在体内不可见，*NB*出体外可见。

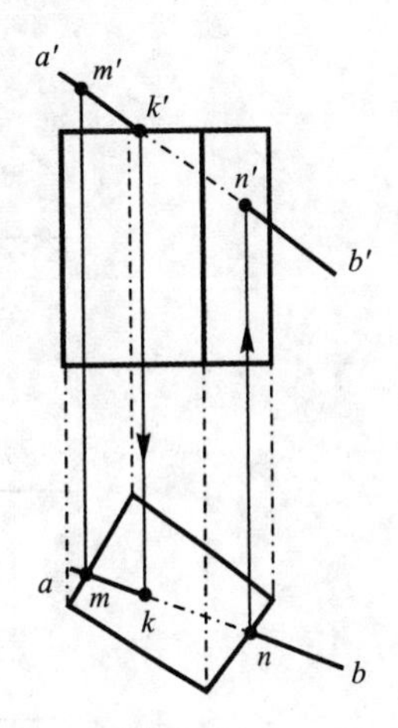

图1-3-8

2. 直线与圆柱相交

(1)求贯穿点；

(2)求线面交点——利用投影的积聚性。

例:

求*AB*与圆柱的贯穿点，如图1-3-9(a)所示。

作法：利用水平投影的积聚性反求出*k′l′*；可见性判断，*k′l′*(*kl*)一段不可见，*KL*在圆柱体内。

出点在前半圆和后半圆其立面的可见性不一样，如图1-3-9(b)。

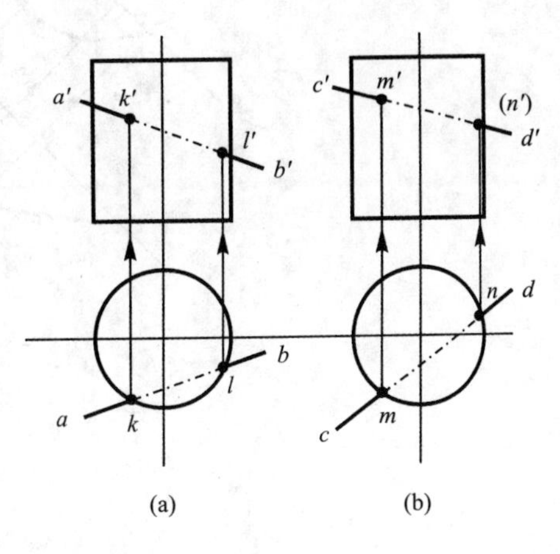

图1-3-9

3. 直线与三棱锥相交

如图1–3–10，已知DE和三棱锥S–ABC的两面投影，求相交点。

作法：作正垂面Q，利用积聚性投影求出。

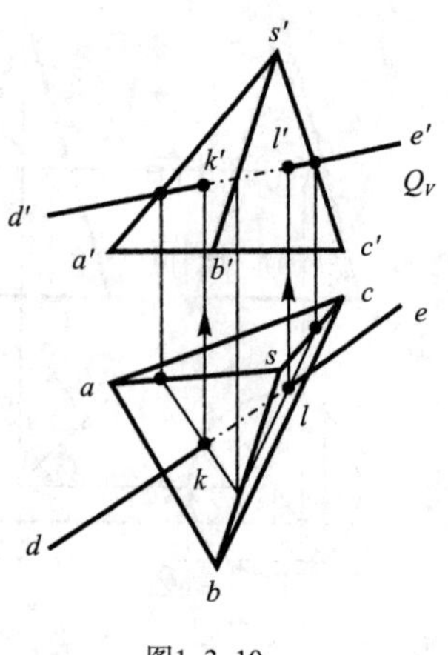

图1–3–10

4. 直线与球体贯穿

(1)求直线与球体的贯穿点可用作辅助投影面法求出；

(2)求AB与球体的贯穿点。作辅助投影面V_1，如图1–3–11。

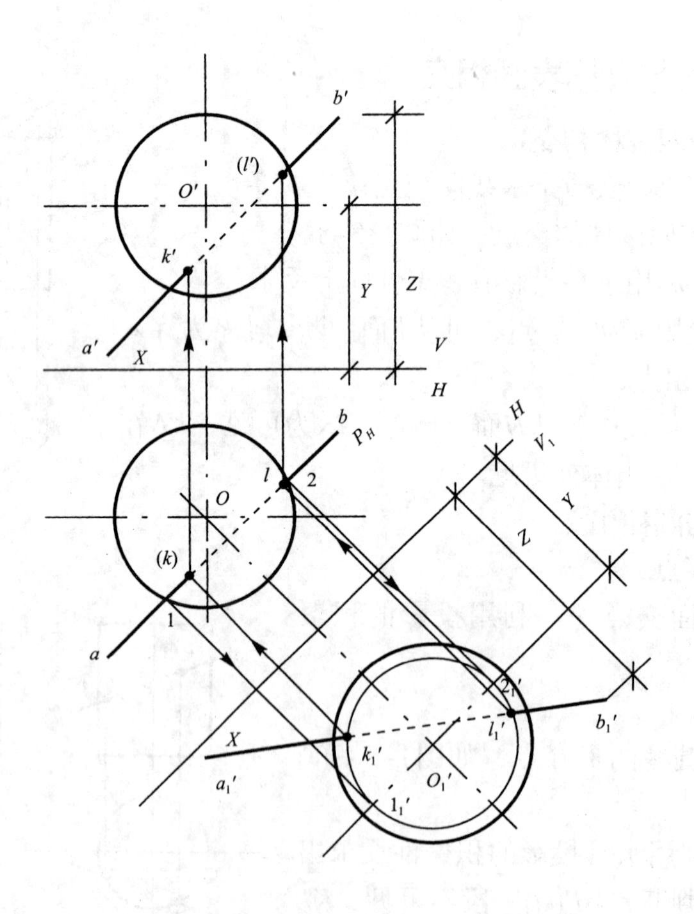

图1–3–11

作法：①$ab // V_1$；②作出AB的新正面投影$a_1'b_1'$；③P_H面截球所得截面新投影为圆$1_1'-2_1'$；④圆$1_1'-2_1'$截$a_1'b_1'$，得k_1'和l_1'贯穿点；⑤利用$k_1'l_1'$反求出$(k)l$和$k'(l')$；⑥判断可见性——从新投影确定：H面k在下半球，不可见记为(k)，l可见；V面k'在前半球为可见，l'在后半球不可见记为(l')。

三、平面与立体相交

1. 棱锥截交线

如图1–3–12，P面为正垂面，有积聚性；点1、2可直接求出，点3在投影图上为铅垂线，不能直接求出，需作水平线3′4′，并将4′投影求4，过4作cb的平行线，得点3。1、2、3连线得所求截交线；作辅助面求出截交线组成的实形，作法如图示。

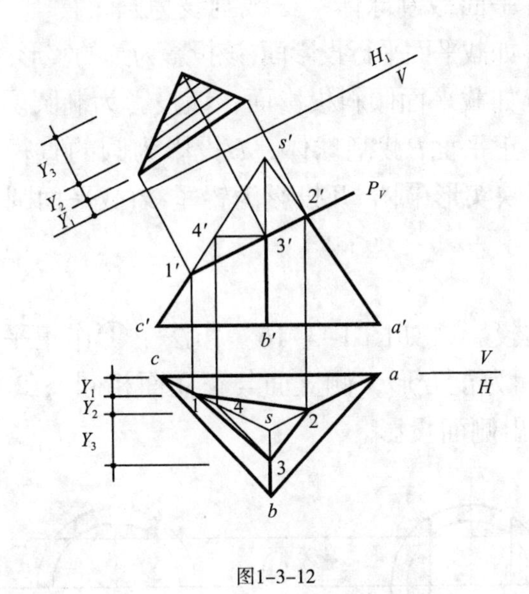

图1–3–12

2. 圆柱截交线

已知圆柱和截平面P的投影，求截交线的投影和截面的实形，如图1–3–13和图1–3–14。

作法：①求长短轴端点$ABCD$；②作内接正方形，求点1、2、3、4的投影；③连水平投影各点(八点)；④求截面实形。

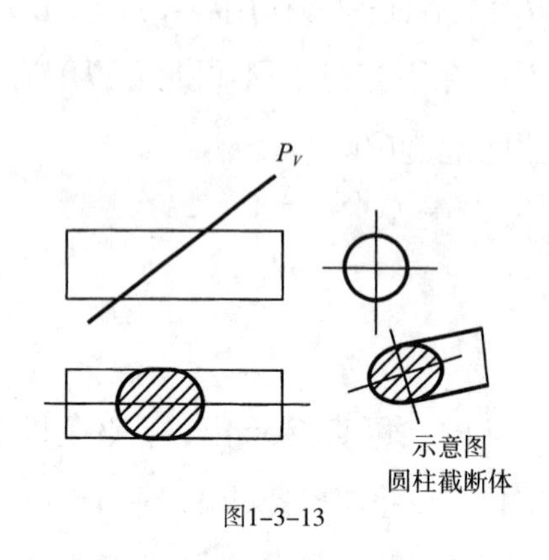

图1-3-13

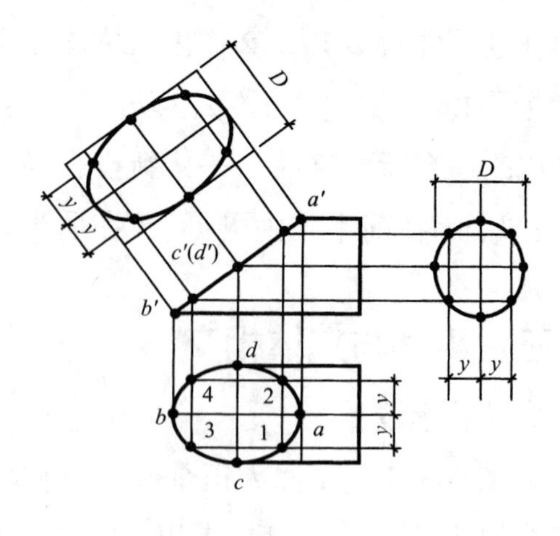

图1-3-14

3. 球体截交线

投影特点：(1) 平面截割球体——截割线为圆；

(2) 如截平面平行投影面，该投影为圆的实形；

(3) 如截平面倾斜投影面，该投影为椭圆。

如图1-3-15，正平面P截割球体，H投影为圆的直径(水平线)，V投影反映实形(圆)，W投影为铅垂线(截平面圆的直径)。

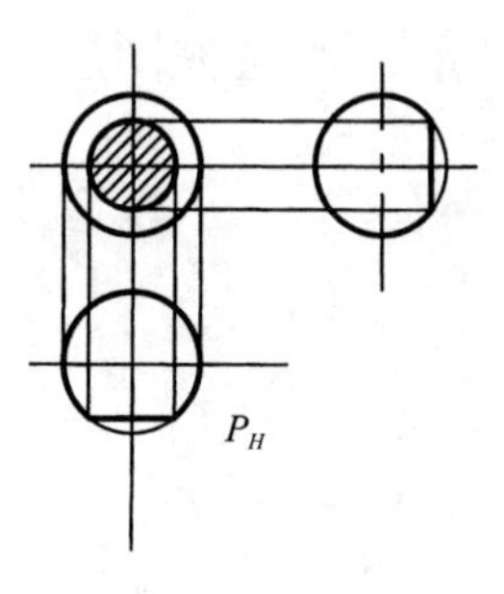

图1-3-15

例1：

求球壳屋面的投影，如图 1-3-16。作法：①作正平面 P_{H1}、P_{H2} 和侧平面 Q_{H1}、Q_{H2}(如平面为正方形，侧立面与正立面相同)；②如平面不为正方形，可从所定平面，求出侧面投影。

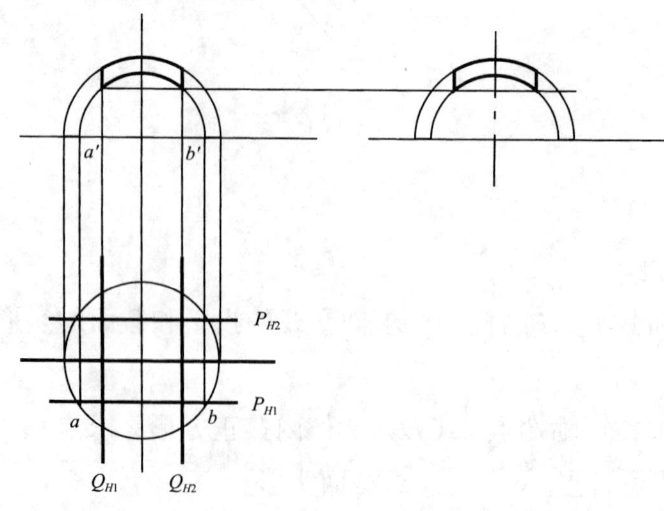

图1-3-16

例2：

截平面不平行于投影面时，球体截交线的作图法。

如图1–3–17，截面为正垂面*P*，作法：作水平截面求出诸点连线画出(相当于纬圆法)。①作球轴截面，得椭圆短轴两点；②过正面投影(截面)中点作截面，求得椭圆长轴两点；③作球中竖轴截面和多作的一些截面，求出诸点，然后各点连线，得水平投影；④用*V*面和*H*面的投影，求(量)得*W*面的投影；⑤求截面的实圆。

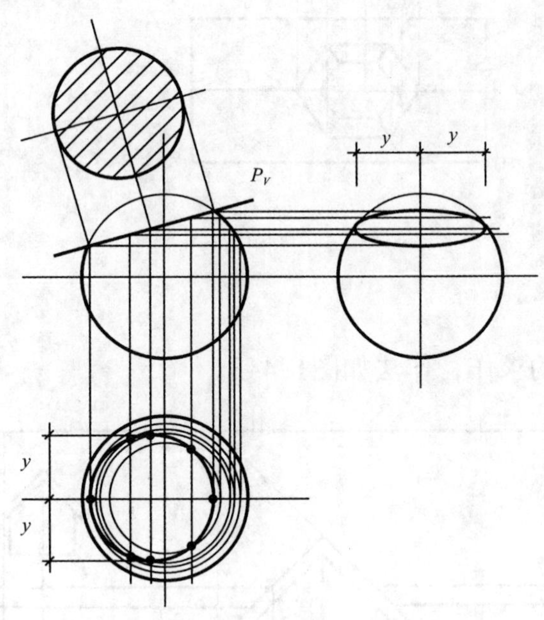

图1–3–17

第四节　立体与立体相贯

一、两平面体相贯

两个形体相交，称相贯体；表面交线叫相贯线——公有线，如图1–4–1。

平面体相贯可以视作线面相交求交点，由交点连成交线——相贯线。

例1：

如图1–4–2。

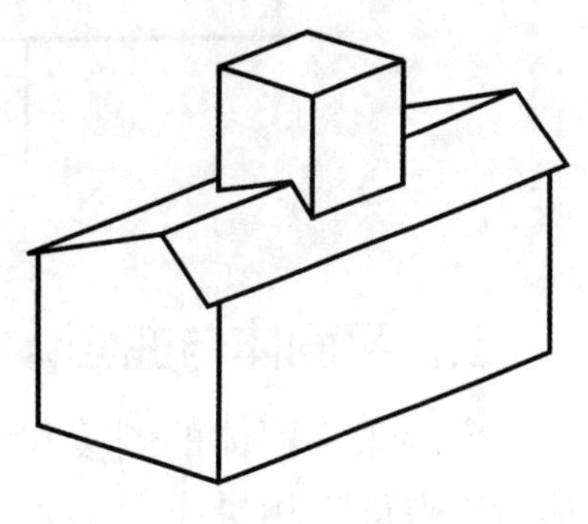

图1–4–1

(1)求贯穿点(即线面交点)；(2)求一形体各侧面与另一形体各侧面的交线，图1-4-2为六棱台烟囱与屋顶相贯作法——由平面求立面和侧面。

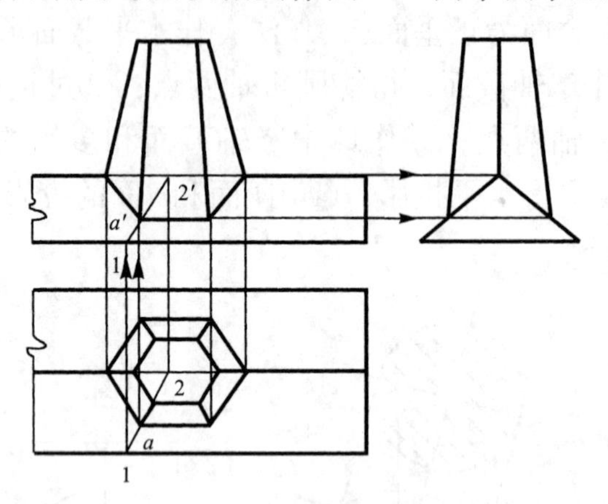

图1-4-2

例2：

屋顶相贯线的求作，作法如图1-4-3。

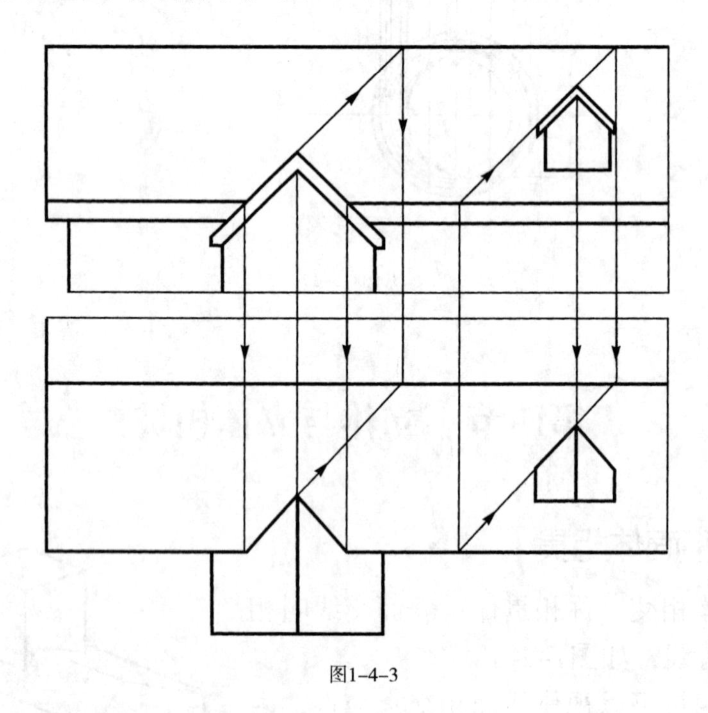

图1-4-3

二、平面体与曲面体相贯

实为求平面体的侧棱和曲面体表面的交点，先求出转折点再求一般点，最后连点即得相贯线。

例1：

用素线法，如图1–4–4。

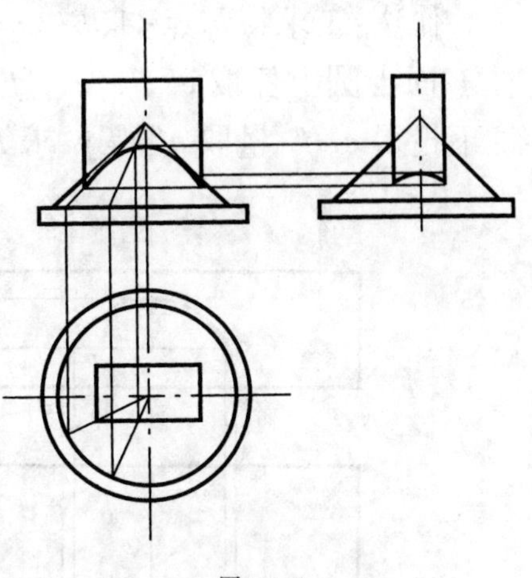

图1–4–4

例2：

利用作辅助面法求三角形棱柱与圆锥相贯线(相贯线的正面投影有积聚性，前后重影)。

作辅助面——水平面，圆锥截面为同心圆，即为纬圆法。如图1–4–5，H面投影：作P_V求可见交线，作R_V和Q_V求不可见部分交线；W面投影：可由平面和立面求得。

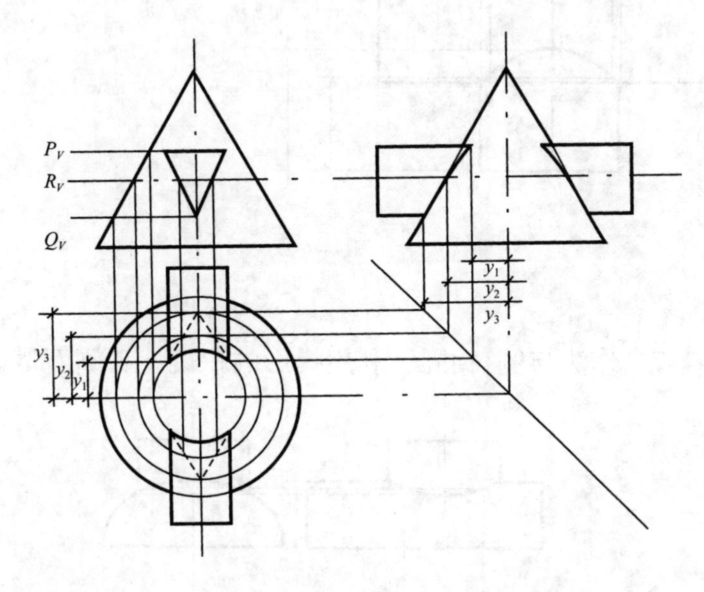

图1–4–5

三、两曲面体相贯

相贯线一般为封闭的空间曲线，作法：①利用曲面积聚投影直接求出；②利用作辅助面法求出。

例1：

如图1–4–6：①大拱为抛物线拱面，小拱为半圆柱面；②大拱素线垂直于W面，小拱素线垂直于V面，两拱轴线相交且平行于H面。

作法:①求特殊点:A、B、C——最高点、最左点、最右点;②求一般点 E、F,在 V 面半圆上任取 e'、f',e''、f'' 在 W 面积聚投影上,量取 $e''(f'')$ 得 y_1,由上往下投得 e、f,量取 a'' 得 y_2 求 H 面 a;③连点和判断可见性,V、H 面均可见。

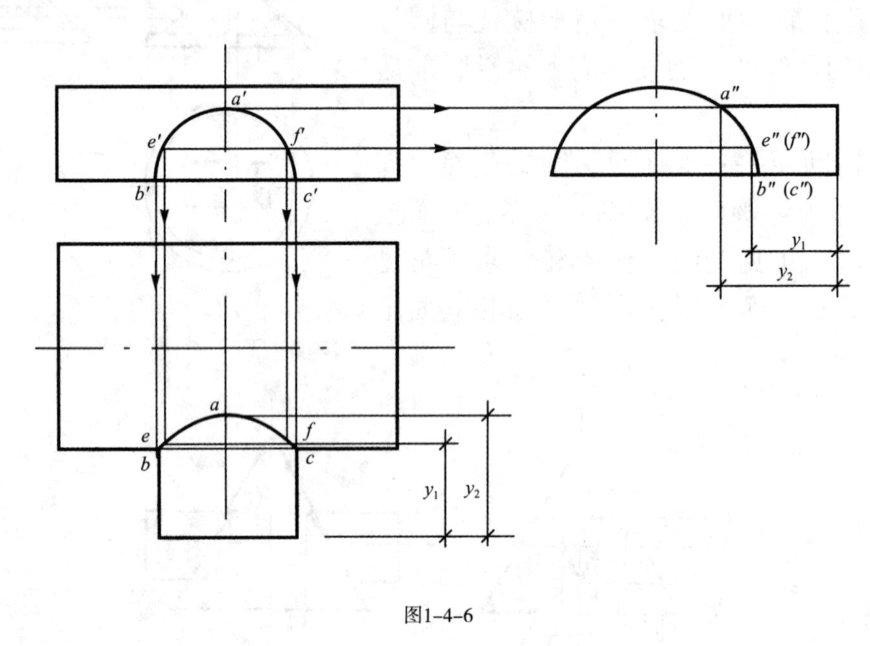

图1-4-6

例2:

如图1-4-7,作法与例1相同,利用投影的积聚性和侧面量取距离求出。

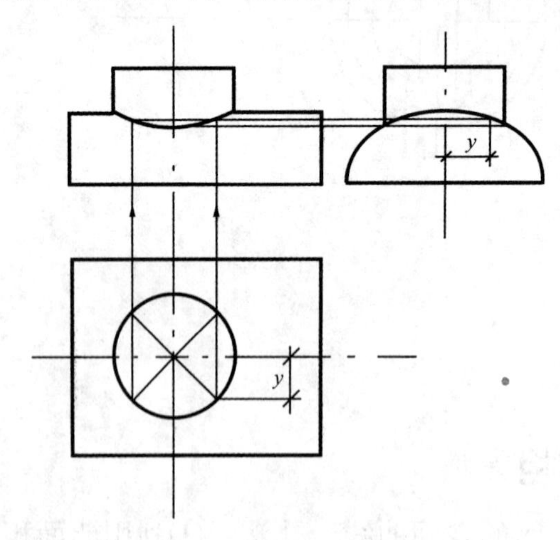

图1-4-7

例3:

利用作辅助面法求相贯线,求作圆柱和圆锥的相贯线,如图1-4-8。

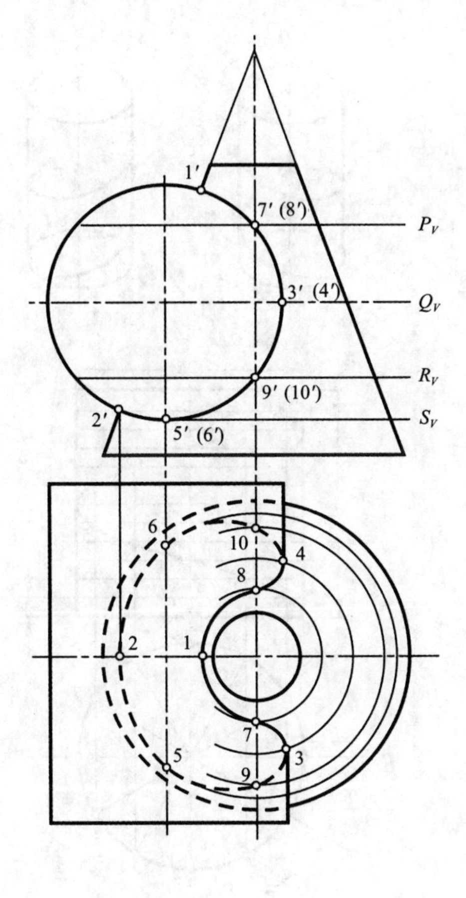

图1-4-8

选择水平面为辅助面，它们和圆柱素线、圆锥纬圆相交，求交点；圆柱垂直于V面，正面有积聚性，求水平投影。

作法：①求点1和2，直接下投求出；②作Q面，求点3、4，H投影虚实分界点；③作S面，求最低点5、6；④作P和R面，求四个一般点，即7、8和9、10；⑤各点连线和判断可见性。

四、螺旋线与螺旋面作图法

•空间曲线，柱面螺旋线，如弹簧；

•右螺旋线，左螺旋线，如图1-4-9(a)、(b)；

•螺距h(一周长之距)如图1-4-9(c)；

•螺距等分与平面等分相同，求螺旋线相应点，如图1-4-9(c)。图1-4-9(d)为螺旋线展开图。

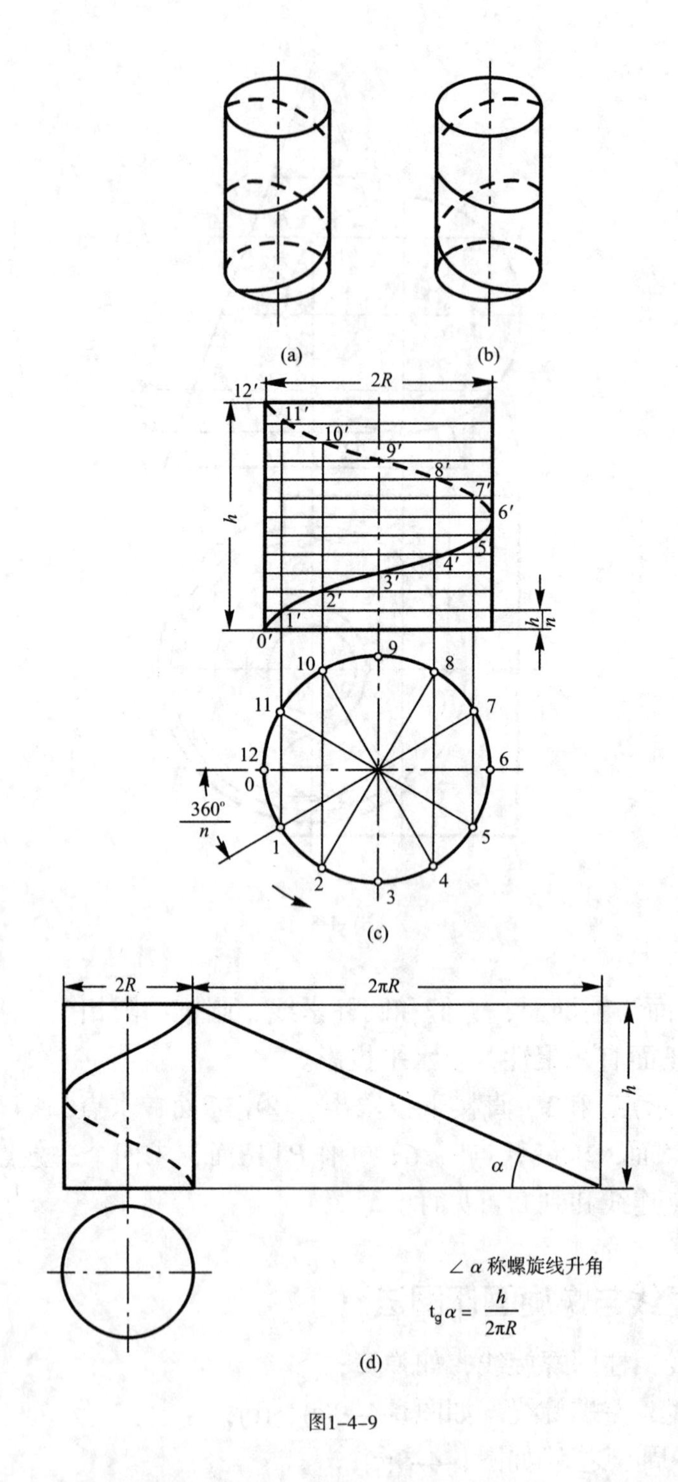

图1-4-9

平螺旋面——母线垂直于轴线，用于楼梯。图1-4-10为螺旋楼梯投影作图。

斜螺旋面——母线倾斜一定角度，用于螺杆。

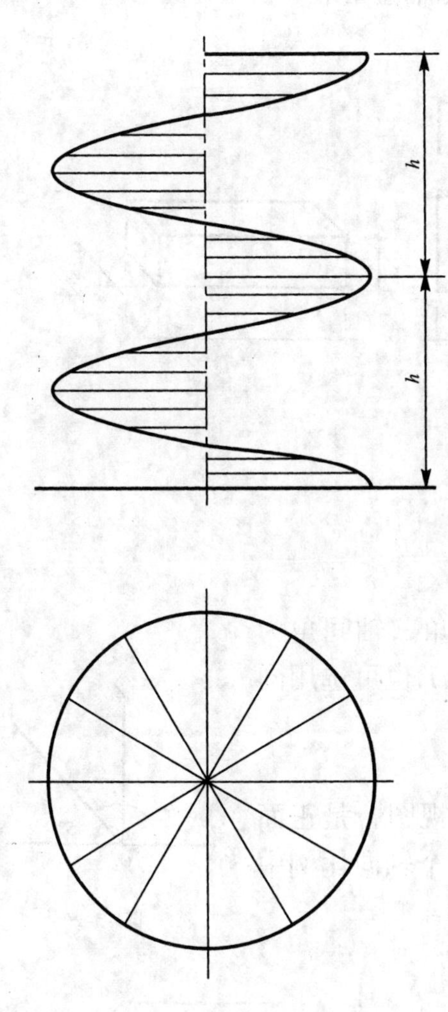

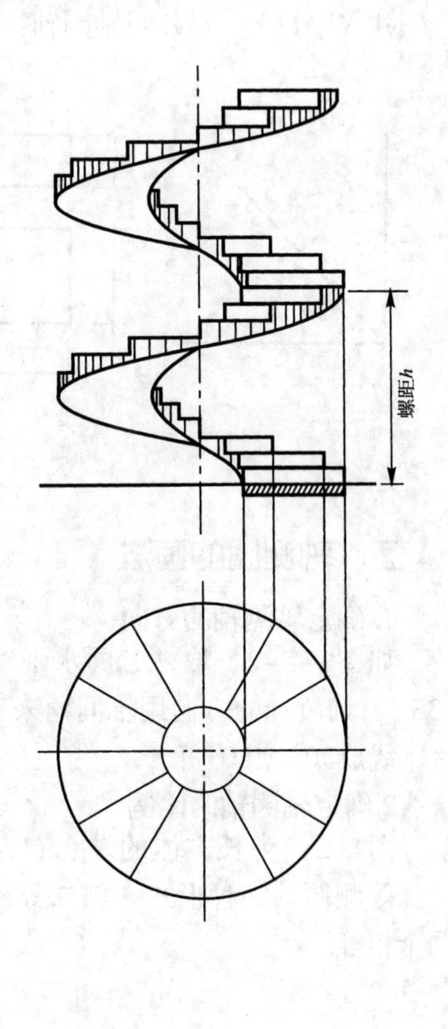

图1-4-10

第五节　轴测图画法

一、轴测图的意义和概念

正投影表示物体的形状和大小，但立体感较差。

轴测图——轴测投影的方法画出的图形有立体感，但真实形状大小不能直接反映，只能作为辅助图。

形成：斜轴测图，如图1-5-1。

O_1X_1、O_1Y_1、O_1Z_1叫轴测轴：沿着轴测轴去量取。

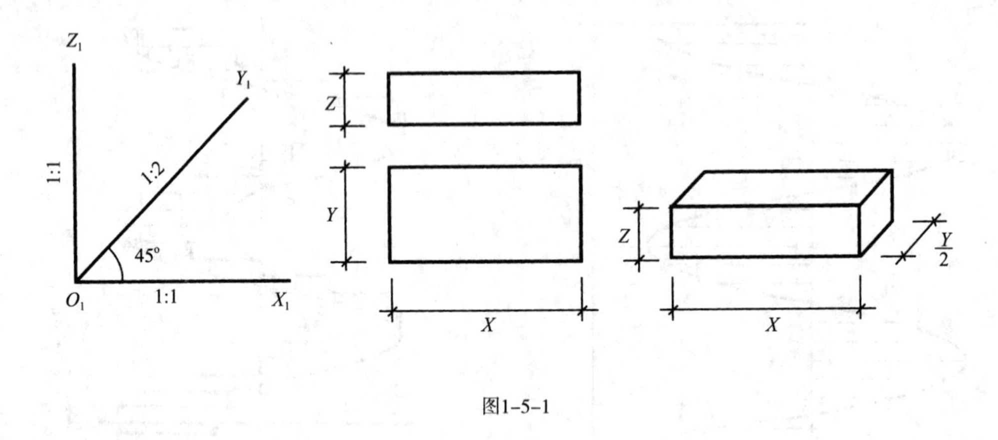

图1-5-1

二、轴测图的画法

1. 确定轴测轴的方向

如图1-5-2，取O_1Y_1同水平线成45°角，轴间角为135°，轴测轴的方向用轴间角来确定。O_1Y_1也可选用同水平线成30°或60°角。

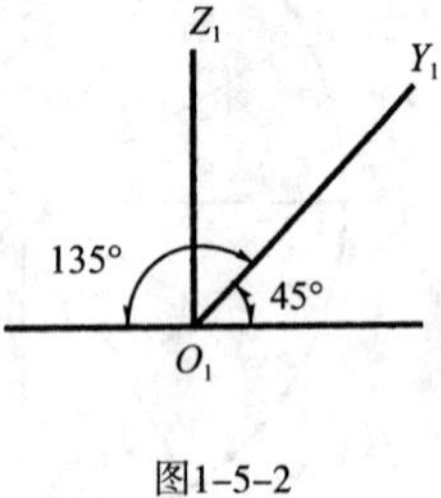

图1-5-2

2.确定轴测轴的比例

图1-5-3为长方体的左、右、俯、仰视图，是正面斜二等测图的四种形式。斜二等测是指三个轴向比例中两个相等。

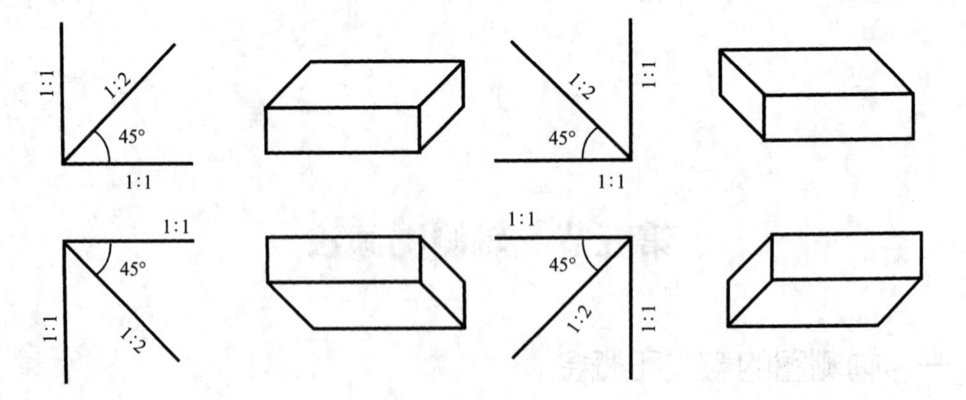

图1-5-3

图1-5-4为水平斜等测图。“等”是指三个轴向比例全相等(都是1∶1)。

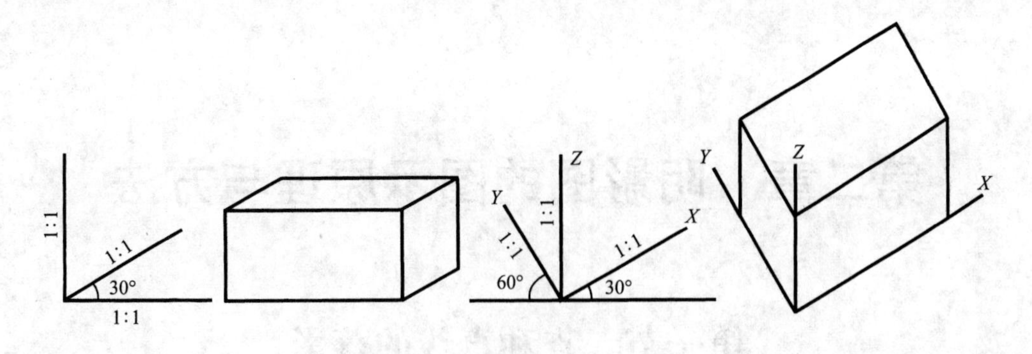

图1-5-4

3. 正轴测图(正等测图)

特点：(1)三个轴间角相等，均为120°，如图1-5-5；

(2)轴向比例相等均为1：1，变形系数为0.82，取等于1。

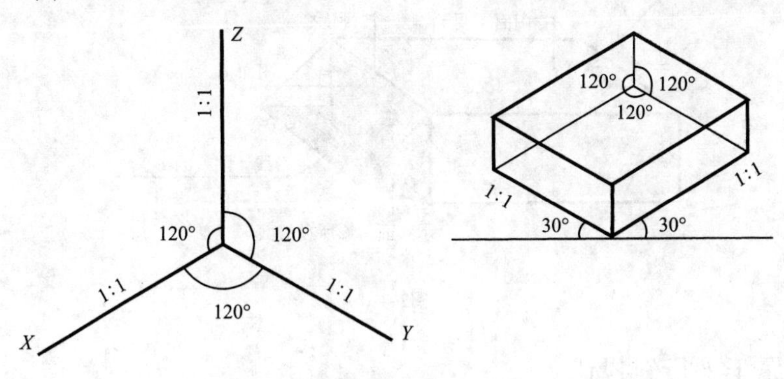

图1-5-5

第二章　阴影图的图示原理与方法

第一节　点和直线的落影

一、阴影的形成和特点

•产生的条件——光、物、承影面，如图2–1–1；

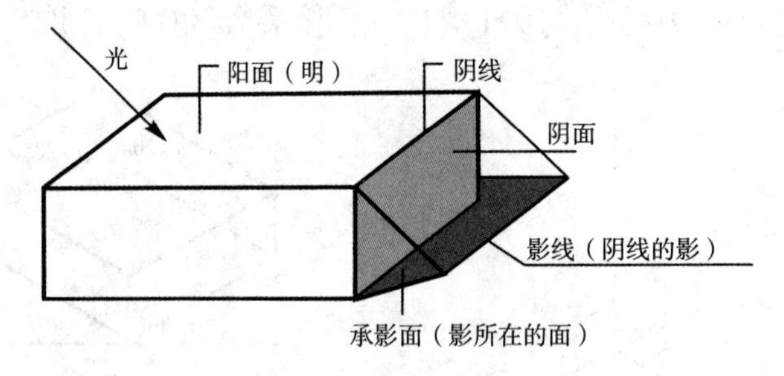

图2–1–1

•阴影属于平行斜投影；
•阴影的作用——表现立体效果，增加美观；
•常用光线——45°(好处：可以量取尺寸)，如图2–1–2。

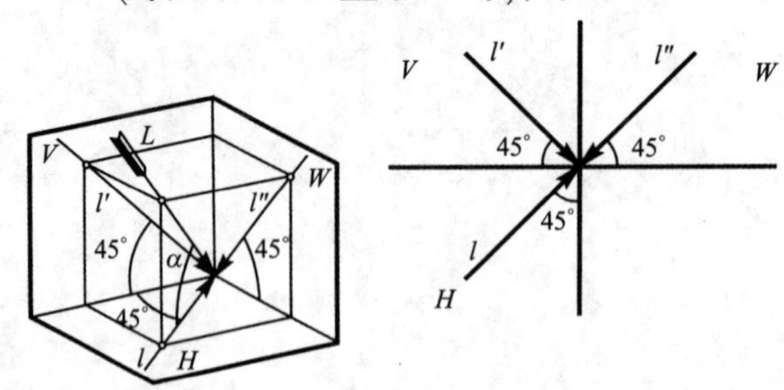

图2–1–2

二、点的落影和求法——影为过点光线的迹点

(1)点的落影现象，如图2–1–3。
(2)点在一般位置平面上的落影，如图2–1–4。

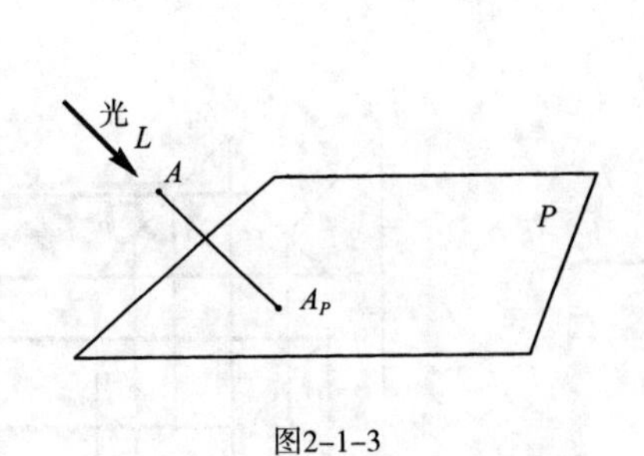

图2-1-3

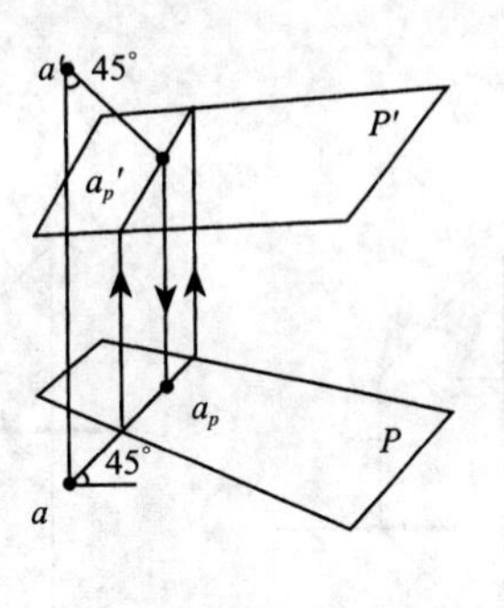

图2-1-4

(3)点在V面上的落影，如图2-1-5。

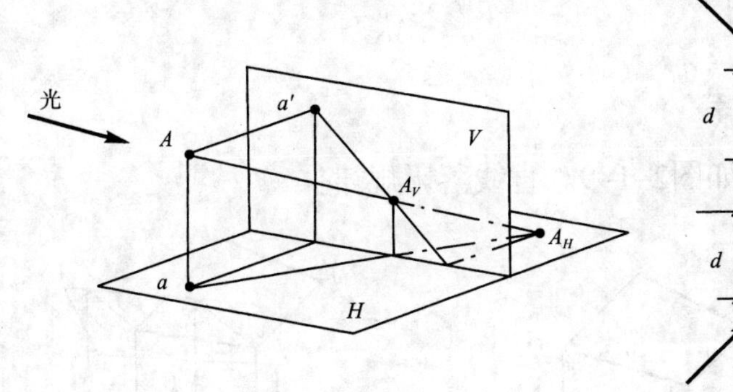

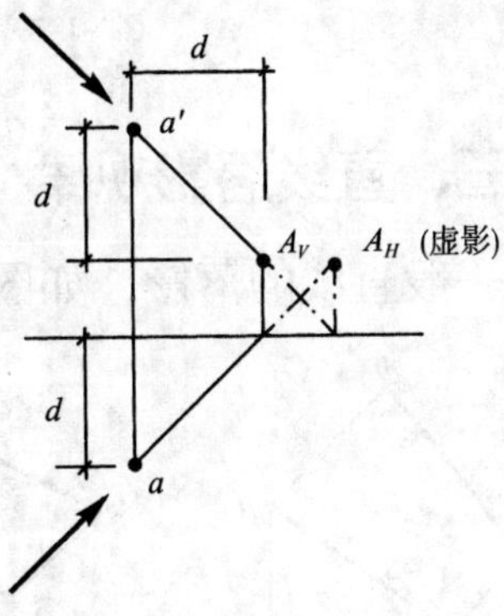

图2-1-5

(4)点在H面上的落影，如图2-1-6。

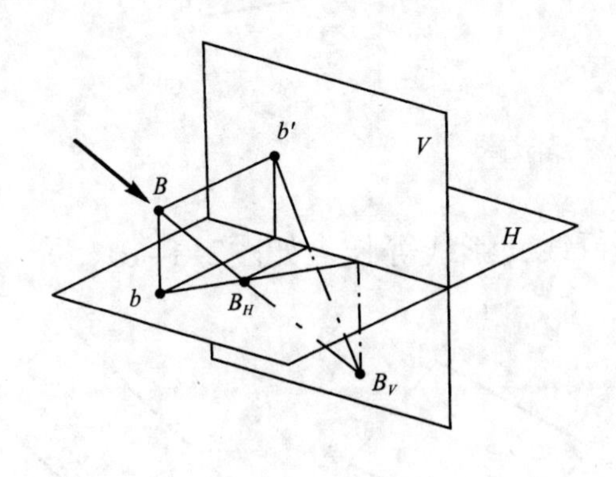

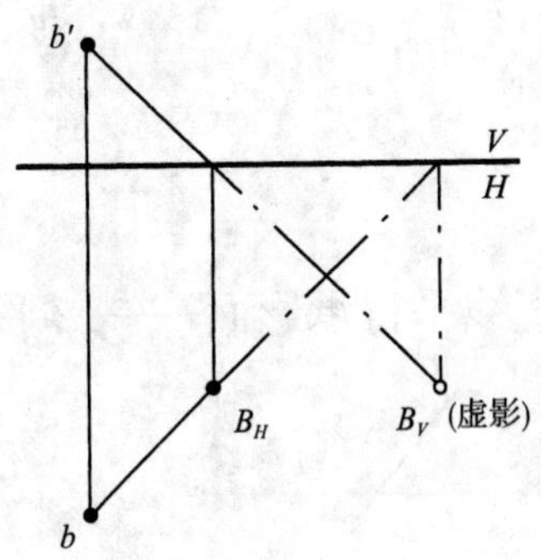

图2-1-6

(5)点在投影面平行面上的落影，如图2-1-7。

例：

求点在坡屋面上的落影，如图2-1-8。

求交点：①作辅助线法；②利用积聚性投影。

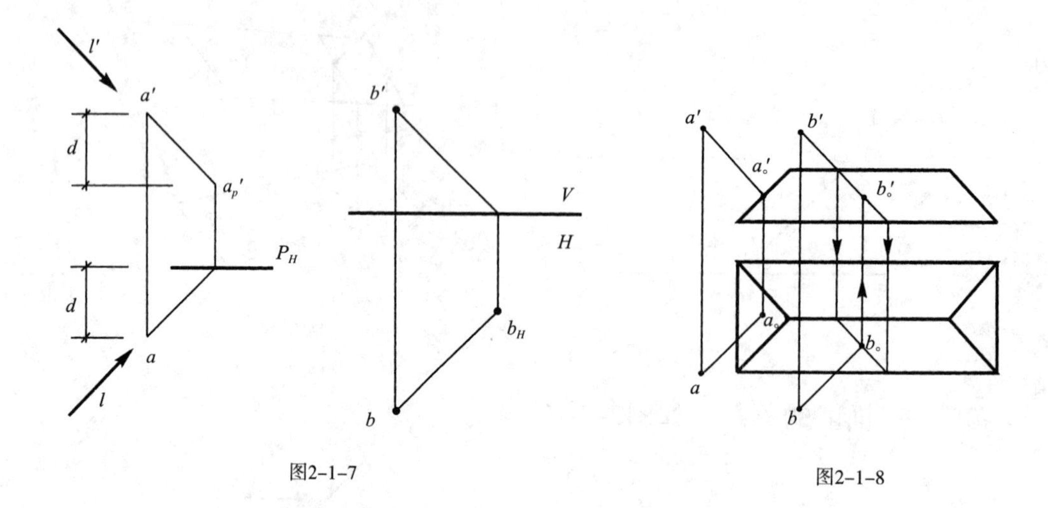

图2-1-7 图2-1-8

三、直线落影规律

一般直线的落影，如图2-1-9。直线落影规律：

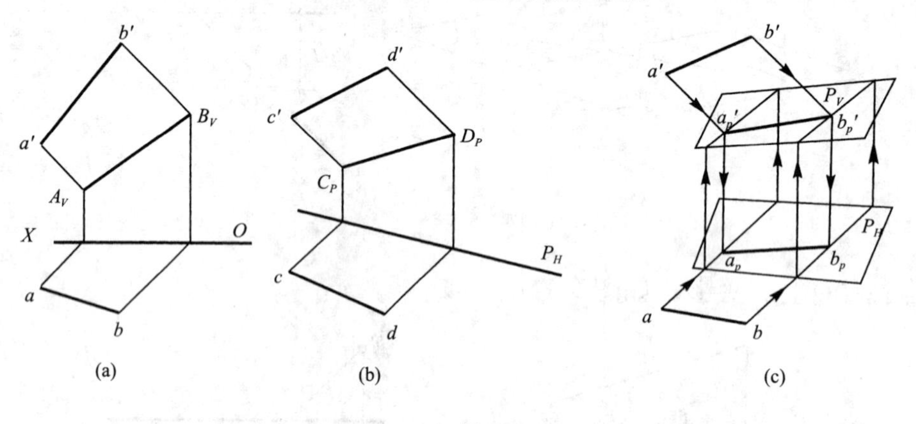

图2-1-9

(1)直线平行承影面——影平行线，影线等长，如图2-1-10。

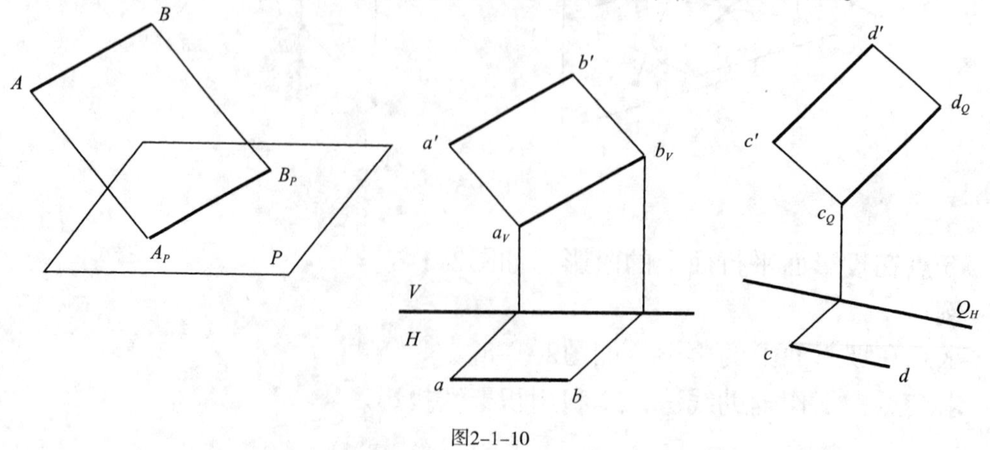

图2-1-10

(2)两直线互相平行，则同承影面上的影仍平行，如图2–1–11。

(3)一直线在互相平行的承影面上，其落影亦互相平行，如图2–1–12。

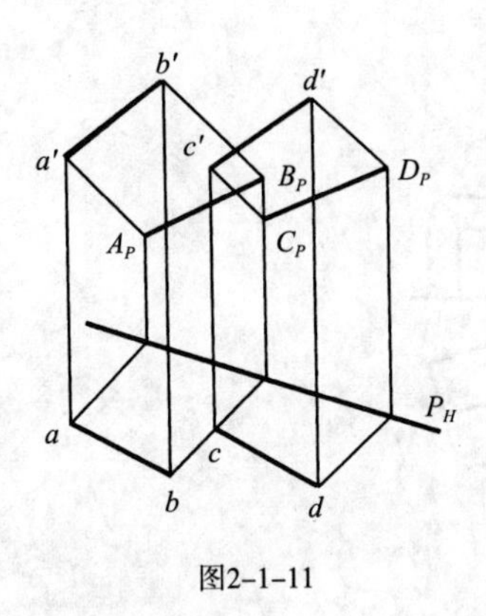

图2–1–11

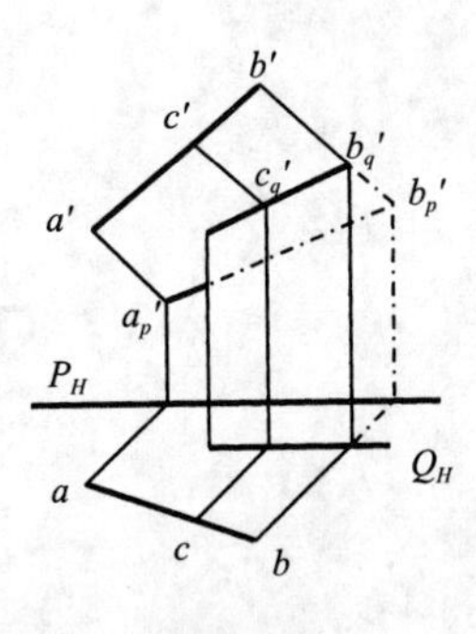

图2–1–12

(4)直线与承影面相交，其落影通过交点，如图2–1–13。

(5)两直线相交，在同一承影面上的落影必然相交，落影的交点就是两直线交点的落影，如图2–1–14。

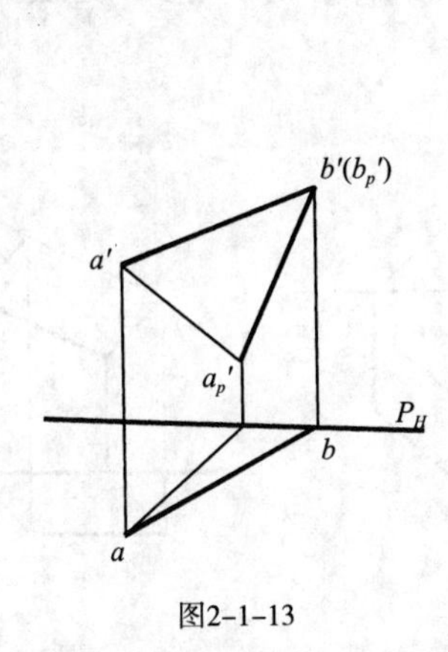

图2–1–13

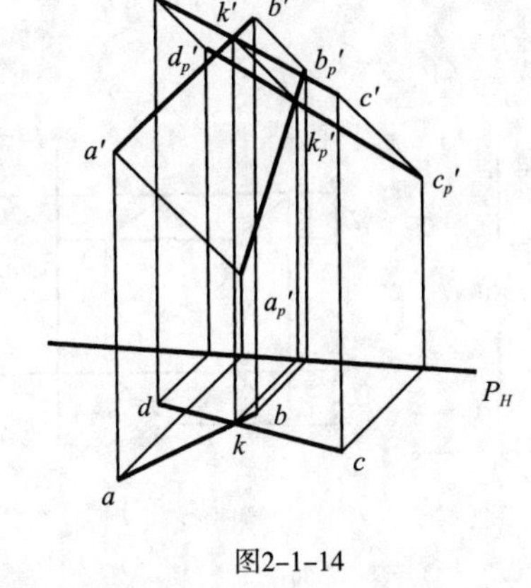

图2–1–14

(6)一直线在两相交的承影面上的两段落影必然相交，落影的交点位于两承影面的交线上，如图2–1–15(a)和(b)。

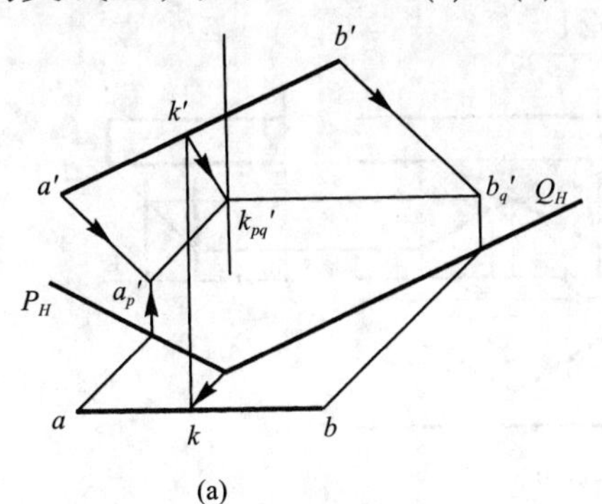

(a)

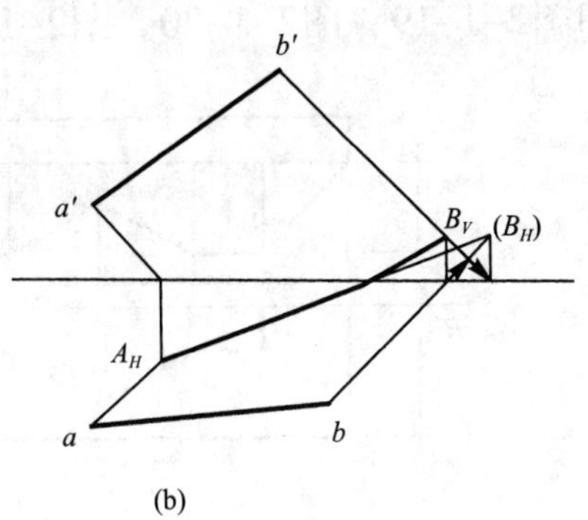

(b)

图2–1–15

(7)投影面垂直线，在该投影面上的落影为45°直线(不管承影面形状如何)，如图2-1-16。

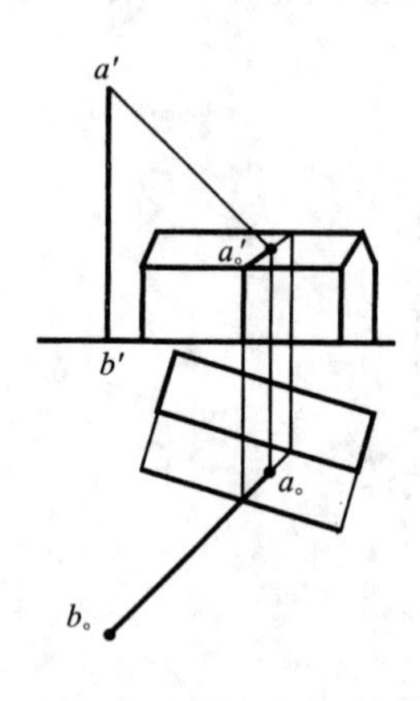

图2-1-16

(8)投影面垂直线，在另一投影面的落影与原直线平行且等长，如图2-1-17。投影面平行线在该投影面上的落影只平行，但不反映距离，如图2-1-18。

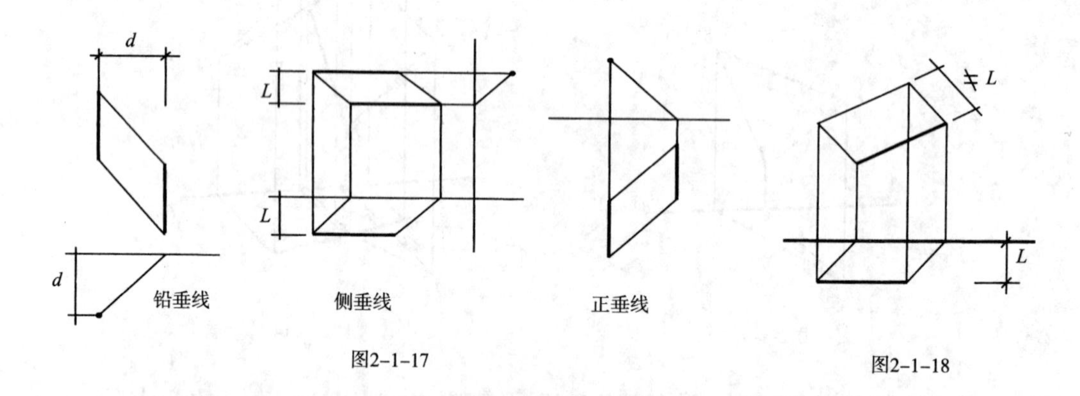

图2-1-17

图2-1-18

(9)投影面垂直线，落影在第三个投影面时，与有积聚性的投影成对称形状，如图2-1-19、图2-1-20、图2-1-21。

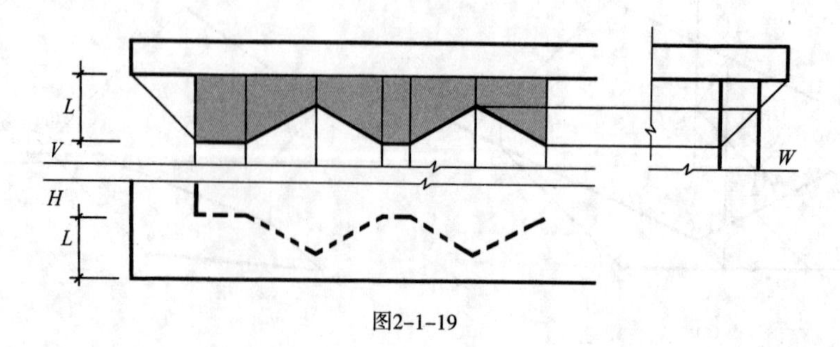

图2-1-19

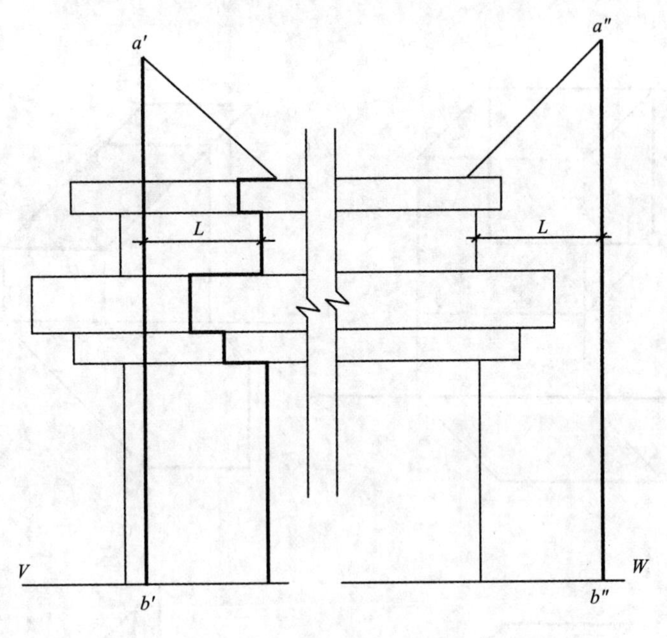

图2-1-20

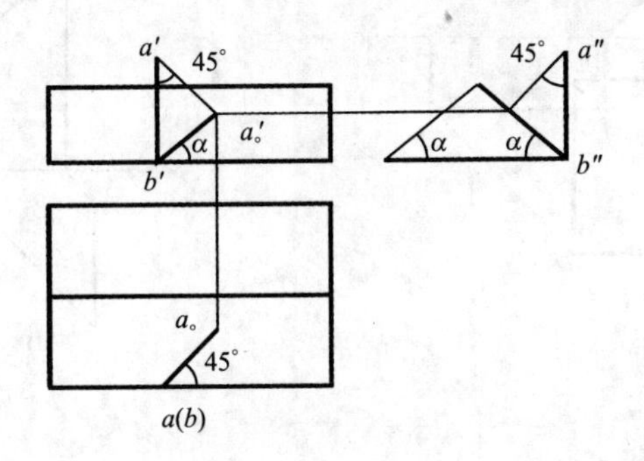

图2-1-21

第二节　平面图形的落影

平面图形的落影是由各边线的落影所围成的，只要求出各点的同面落影，依次连之即成。

一、直线平面的落影

如图2-2-1，(a)正平面；(b)水平面；(c)水平面(影落在相交的两承影面上)；(d)侧平面；(e)平面多边形在其平行面上的落影；(f)平行光线的图形。

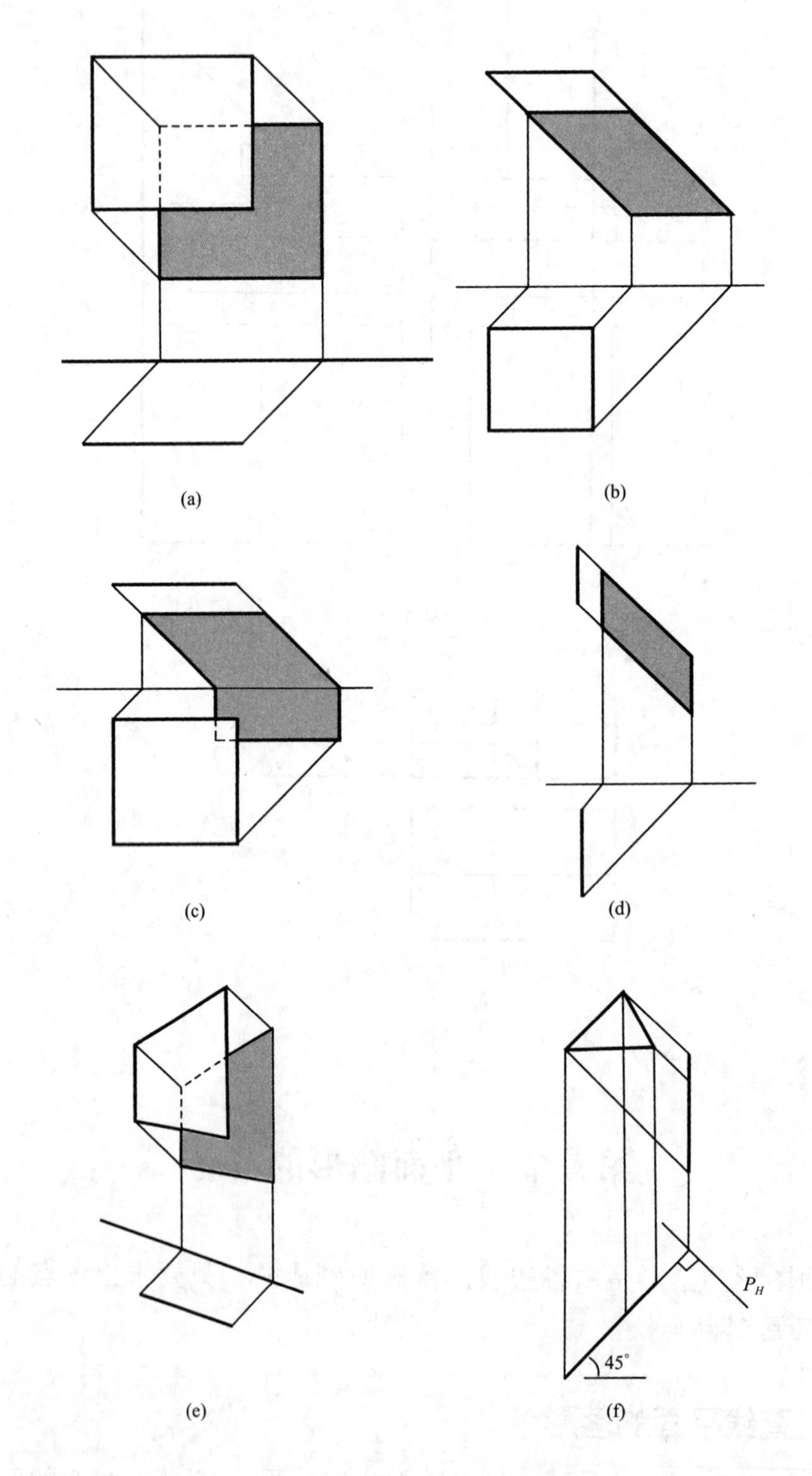

图2-2-1

1. 直线落在平面图形的影

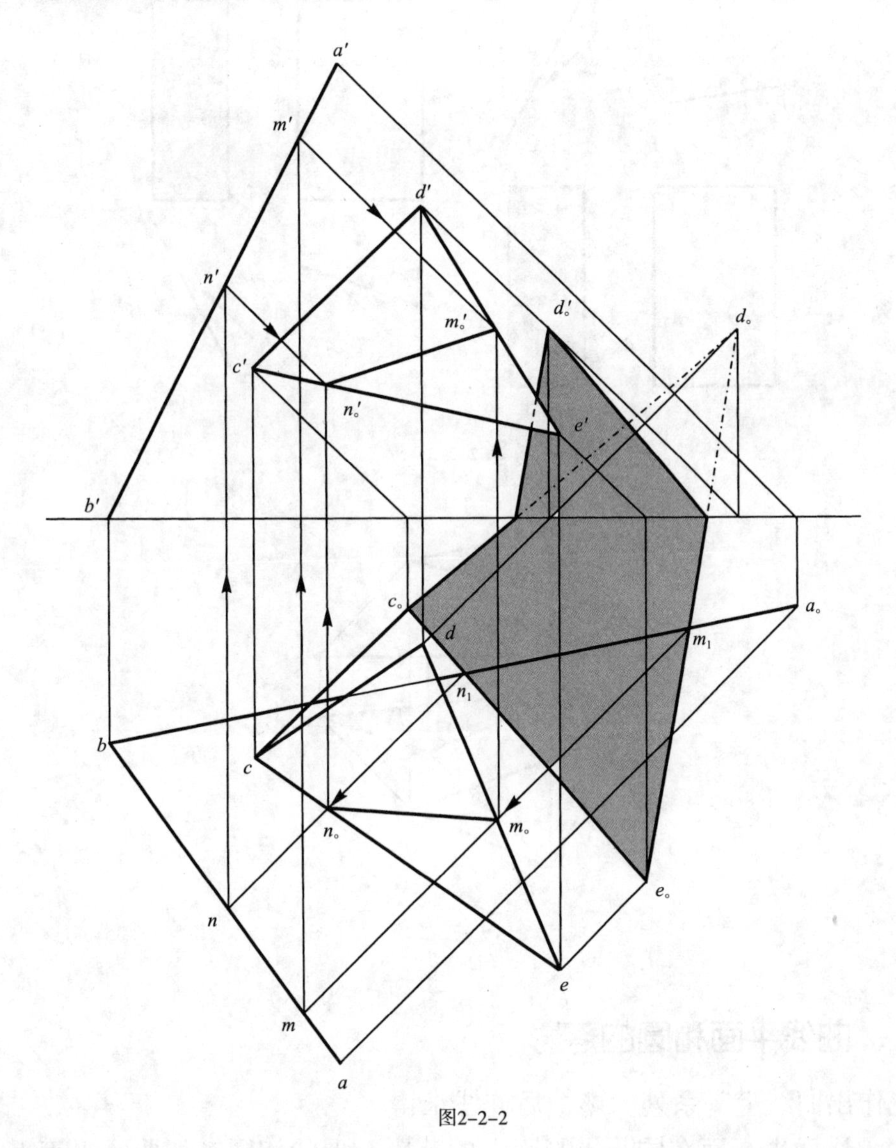

图2-2-2

如图2-2-2，利用返回光线法求出：①先求得△CDE和直线AB各自的落影；②n_1和m_1为重影点，过该两点作返回光线得$n_\circ$、$m_\circ$，$n_\circ m_\circ$即直线AB上一段MN落影在三角形上。

2. 阴阳面的判断

(1)平面图形为投影面垂直面时，可在有积聚性的投影中直接判断，如图2-2-3。

(2)一般位置平面图形，如平面图形各顶点与落影各顶点旋转顺序相同则为阳面投影；如不同则为阴面投影，因承影面为迎光的阳面，如图2-2-4。

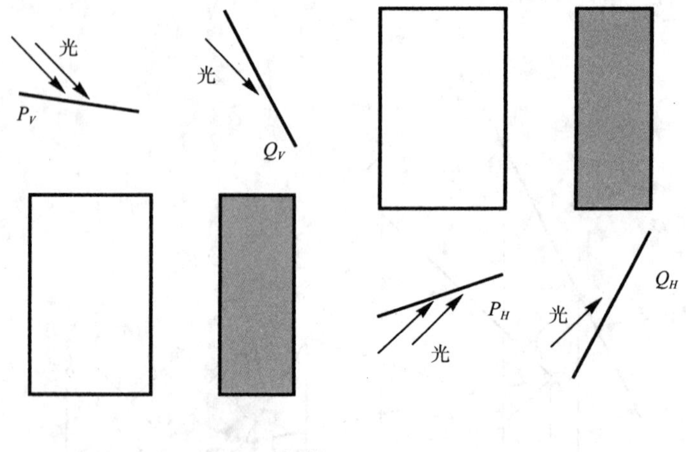

图2-2-3

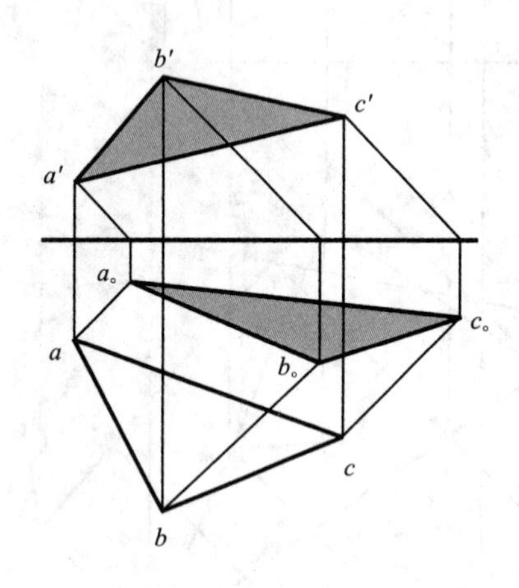

图2-2-4

二、曲线平面和圆的落影

先作出曲线上一系列的影，后连线求得。

(1)承影面平行面在同一承影面上的落影，形状相同。如曲线平面平行于承影面，而影又落在该面上，只要求它的主要点及按曲线平面图形的形状连线即可求得，如图2-2-5。

(2)如曲线平面与承影面不平行，需要求出各点连线求得，如图 2-2-6。

(3)圆周阴影——如与承影面平行，求出圆心画等圆为所求，如图2-2-7。

•水平圆：①作外切正方形；②用交点法求点和椭圆；③用八点法作椭圆，如图2-2-8。

•半圆(水平圆)的落影(用求点法)，如图2-2-9。图2-2-10为正平圆窗的落影。

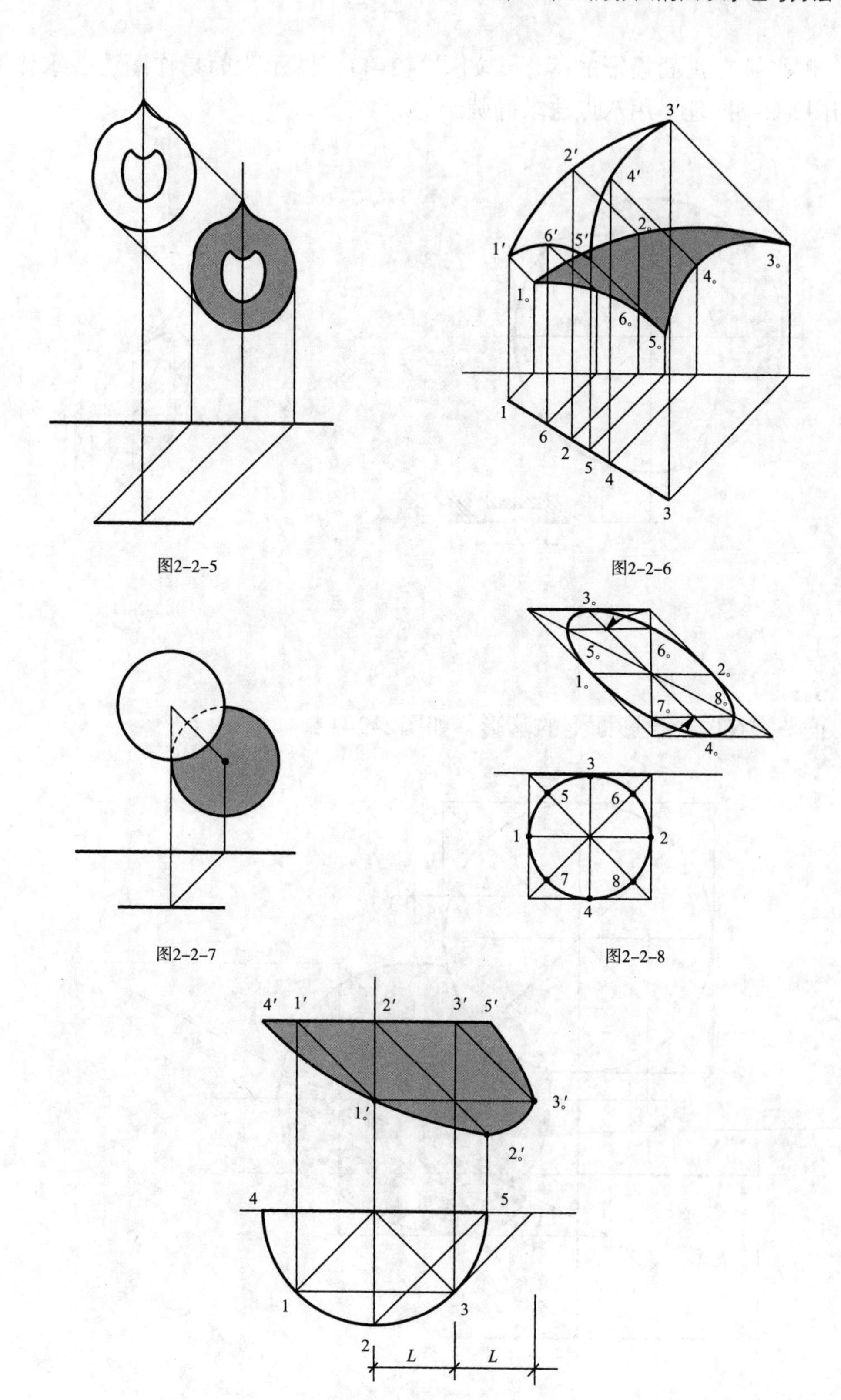

图2-2-5

图2-2-6

图2-2-7

图2-2-8

图2-2-9

•侧平圆在正面投影的落影，如图2-2-11。图示为简易作图法，求作方法与图2-2-8同理，用八点法求椭圆影。

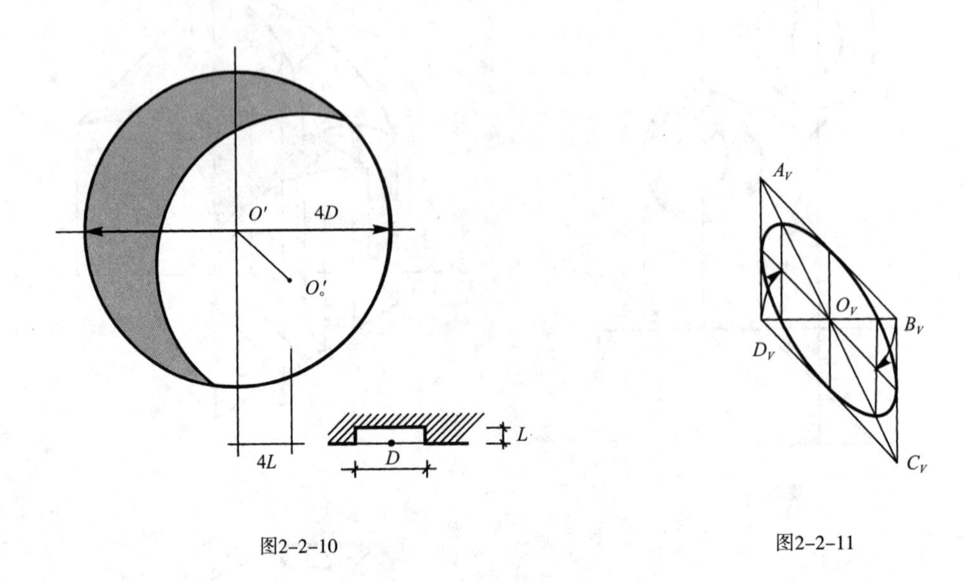

图2-2-10　　图2-2-11

例：

正平圆在两个投影面上的落影，如图2-2-12。

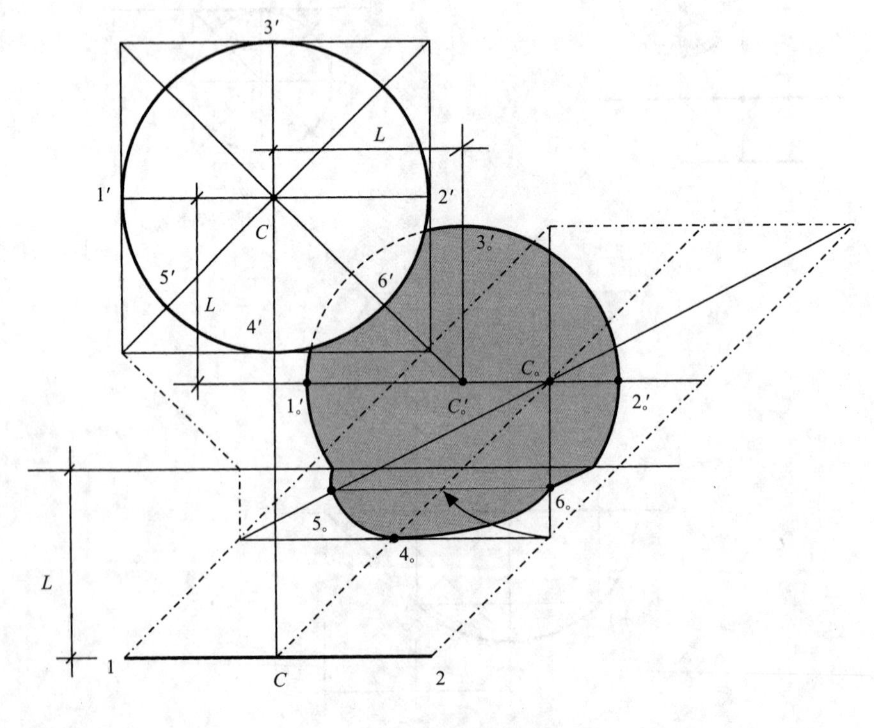

图2-2-12

作法：因正平圆在正面落影为圆，水平落影为椭圆，水平落影可看作铅垂圆在水平投影面的落影。分两步作出：①正面找圆心作相同半径之圆。量出(或投出)C_0'，作圆；②作平面影之椭圆，作外切正方形用八点法求出。

如果圆所在的平面与三个投影都不平行(不垂直)，该圆的落影要用求点的方法来求，即求作外切正方形的八点。作法：①求外切正方形；②求各点；③连线。

第三节　建筑形体的阴影

求作步骤：

(1)搞懂形状(从投影图细读)。

(2)分析立体的阴面和阳面，确定阴线(阴、阳交界的凸角棱线)。

(3)分析阴线落影在哪个承影面，用落影规律和作图方法求出影线。

(4)阴线和影线包围的轮廓为所求阴影，可涂上颜色，表现立体的效果。平面立体的阴、阳面的确定，如图2–3–1。

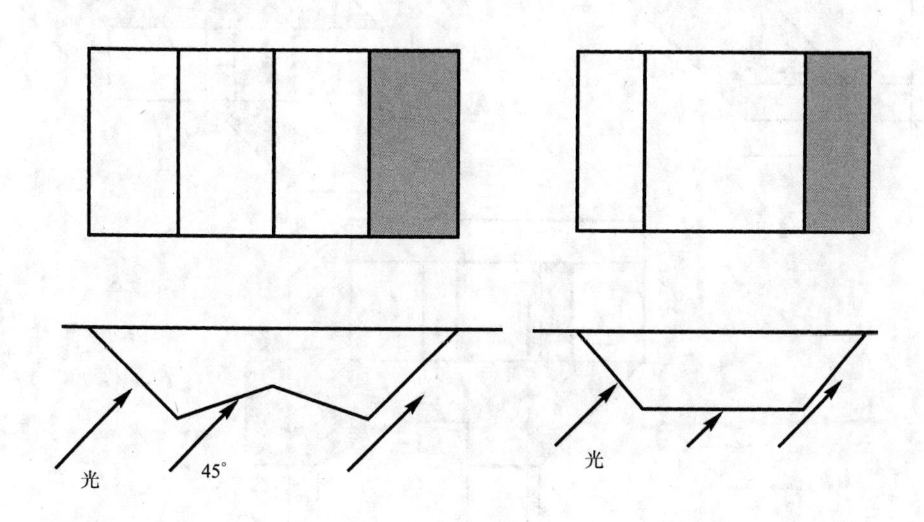

图2–3–1

平面形体的阴影，如图2–3–2。

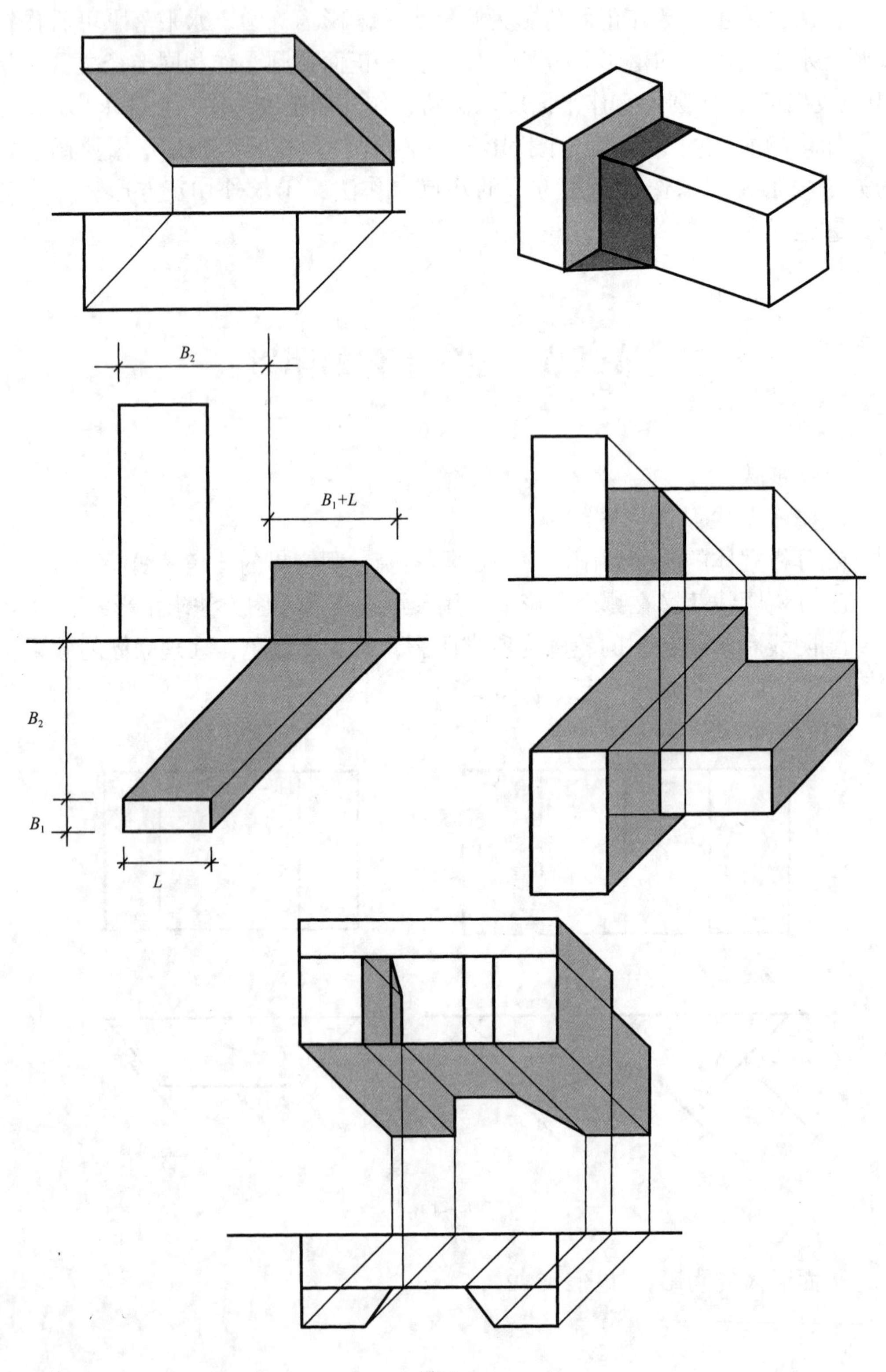

图2-3-2

建筑细部的阴影，如图2–3–3至图2–3–30。

一、窗洞及窗台的阴影

如图2–3–3，作法：①求窗洞影，可在平、立面作45°线交出，亦可用量取方法量出；②求窗台影、方法与求窗洞影相同。

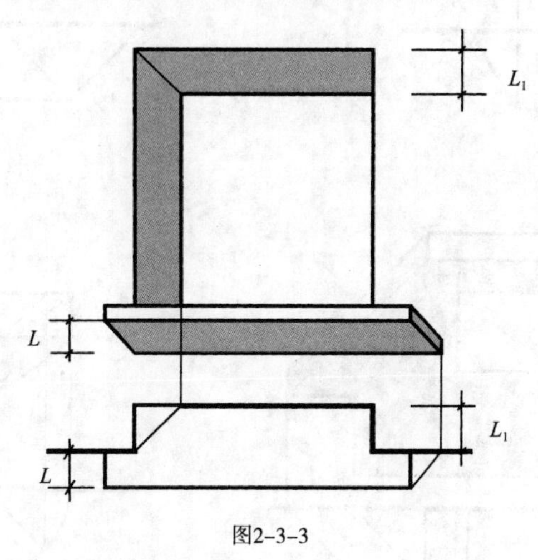

图2–3–3

图2–3–4为求作正平圆窗的落影。

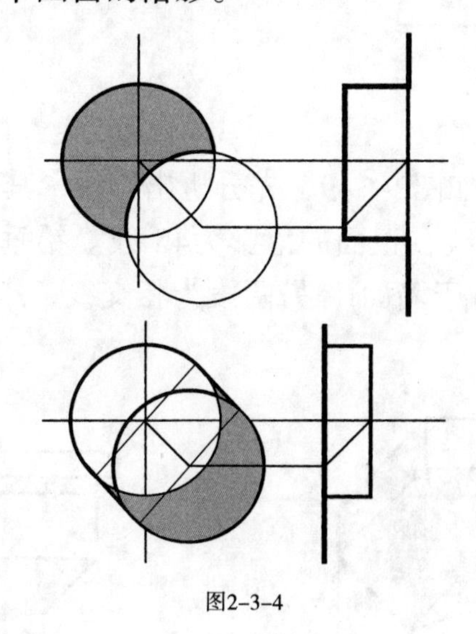

图2–3–4

二、阳台的阴影

方阳台(平面体)阴影作图同窗台落影求法，如图2–3–5、图2–3–6、图2–3–7。

半圆阳台阴影，如图2–3–8，可分上下两圆求作，因只在阴线处才有影，也可根据落影规律(平行线落在同一面上，影互相平行)画出上圆阴线的影线。

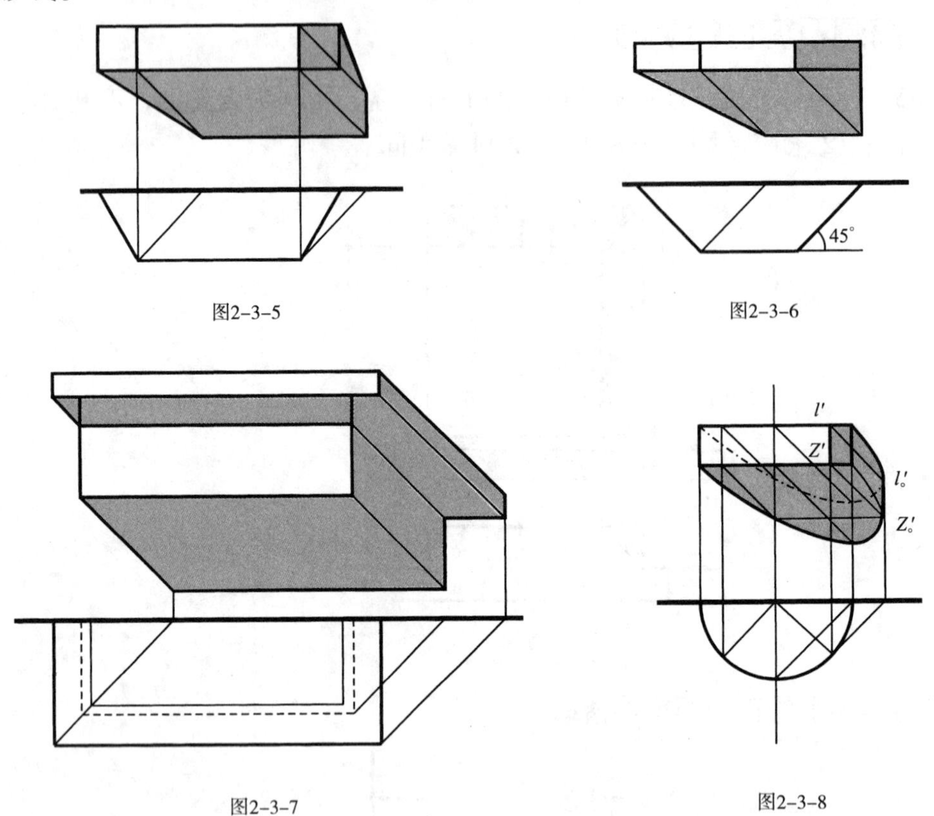

图2–3–5

图2–3–6

图2–3–7

图2–3–8

五边形阳台阴影，如图2–3–9，先分析出阴线，其中阴线有正垂线(AB和CD)和铅垂线CE。正垂线在正面的落影为45°线。铅垂线CE平行于墙面，其落影仍为铅垂线(即平行于墙面)，另两段为相交线，影相交。图2–3–10为另一阳台的阴影求法。

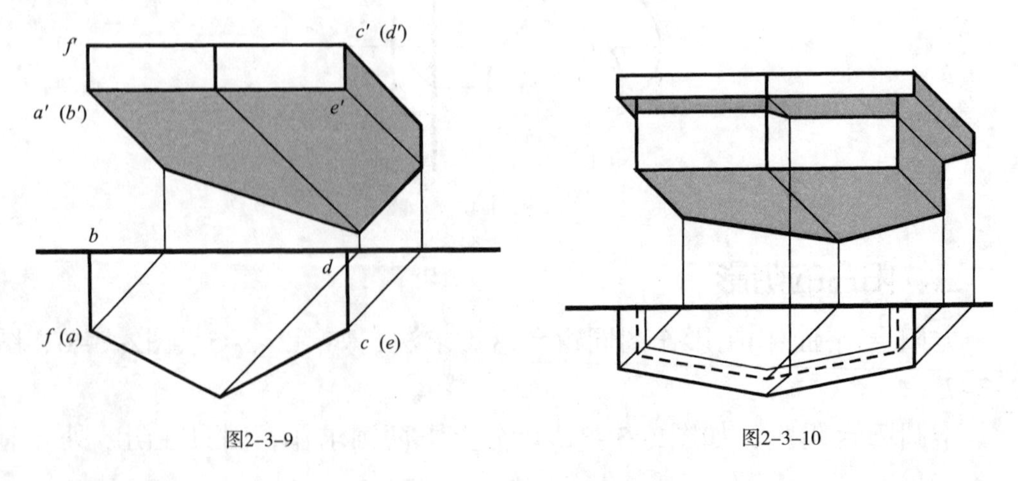

图2–3–9

图2–3–10

三、门洞、雨篷、台阶步级、平屋顶及坡屋顶的阴影

平板雨篷的阴影，作影方法如图2–3–11、图2–3–12、图2–3–13、图2–3–14、图2–3–15、图2–3–16。

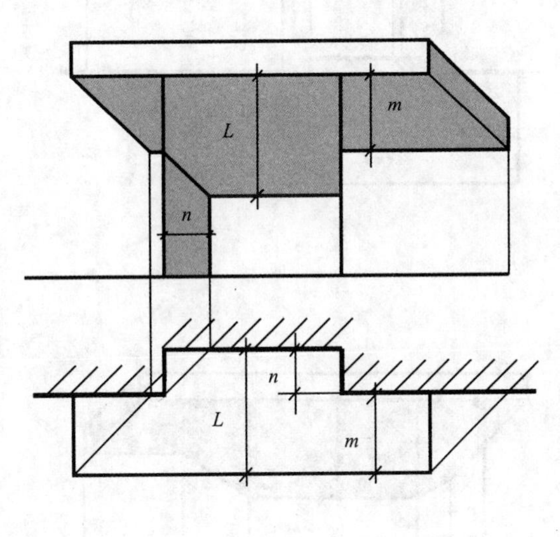

图2–3–11

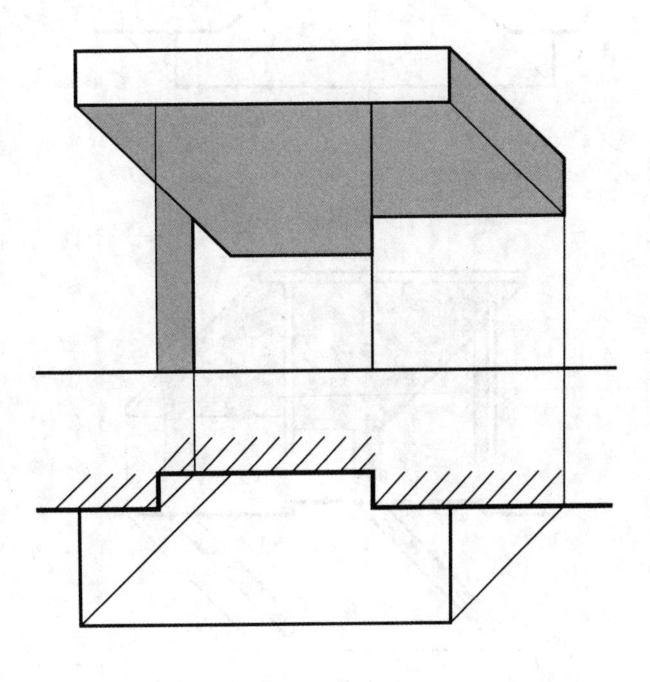

图2–3–12

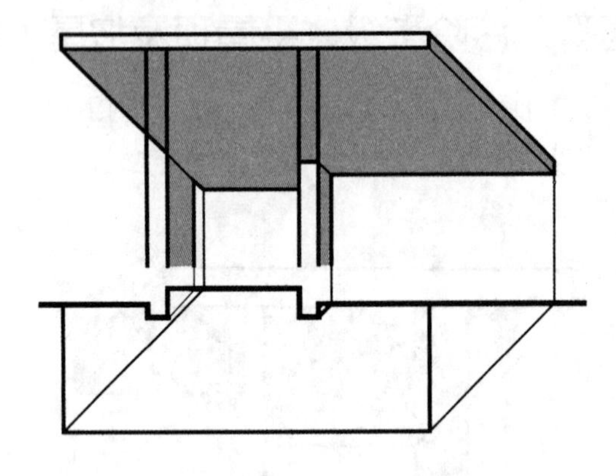

图2-3-13

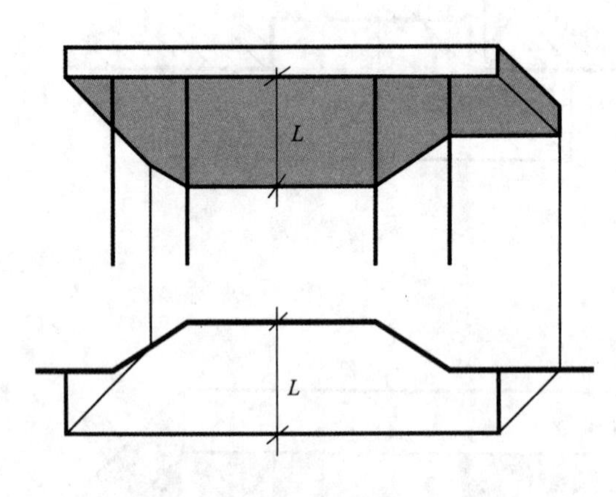

图2-3-14

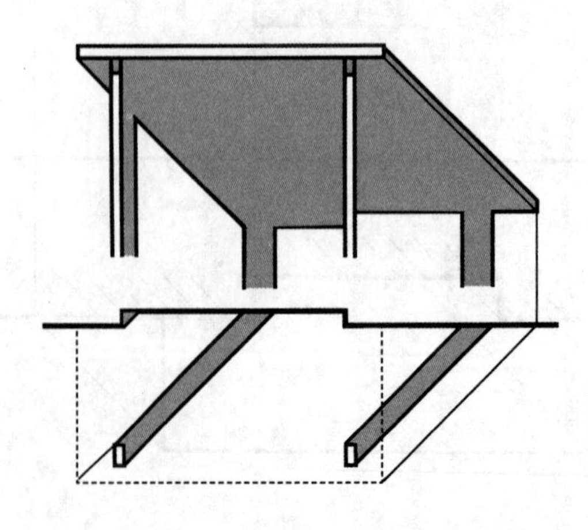

图2-3-15

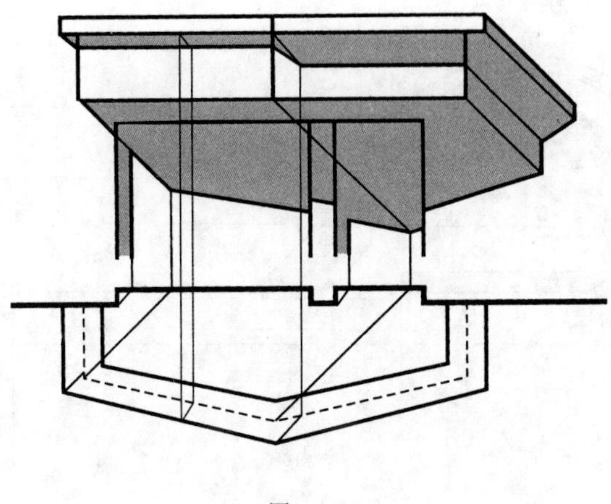

图2–3–16

折板雨篷(屋面)的阴影，如图2–3–17，阴线AB为正垂线和折线(各段折线都是正平线)，以及1、2铅垂线组成。阴线均平行于承影面(正平面)，它们的影分别与折线本身平行且相等。先作出b_0'和c_0'、d_0'后，可用“同形”作出全部折线的影。

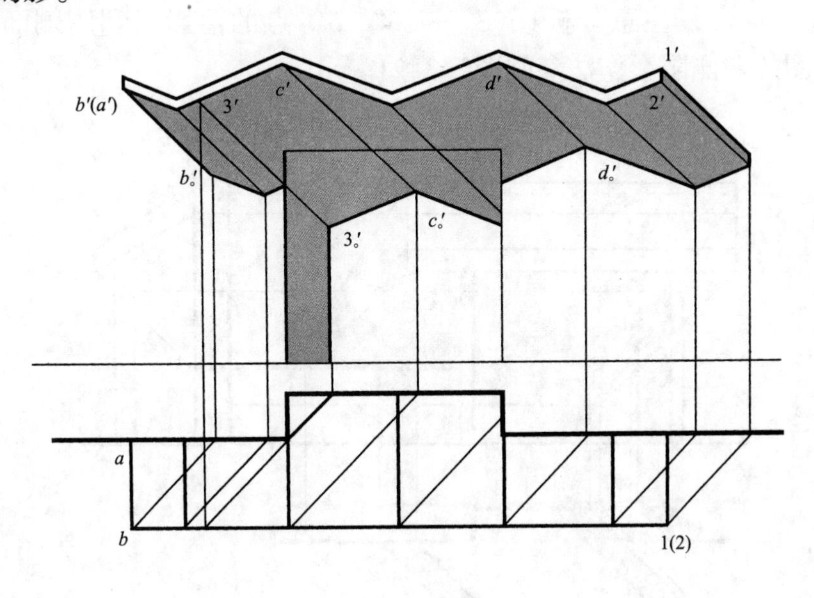

图2–3–17

半圆拱的阴影，如图2–3–18，圆弧平面与承影面(墙、窗)平行，影是大小相同的圆周。作法：①求圆拱的中心，O_1和O_2(墙、窗的圆心)；②作圆弧；③作其他影。

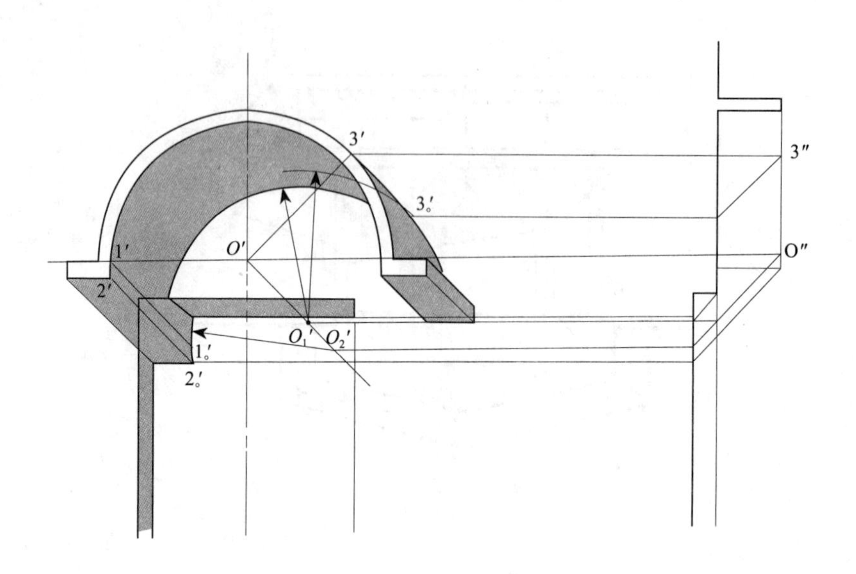

图2-3-18

例1：

如图2-3-19，注意分析1、2、3、4、5等点的落影。利用侧面投影求出。正面图的左侧阴影作法参阅图2-3-21。

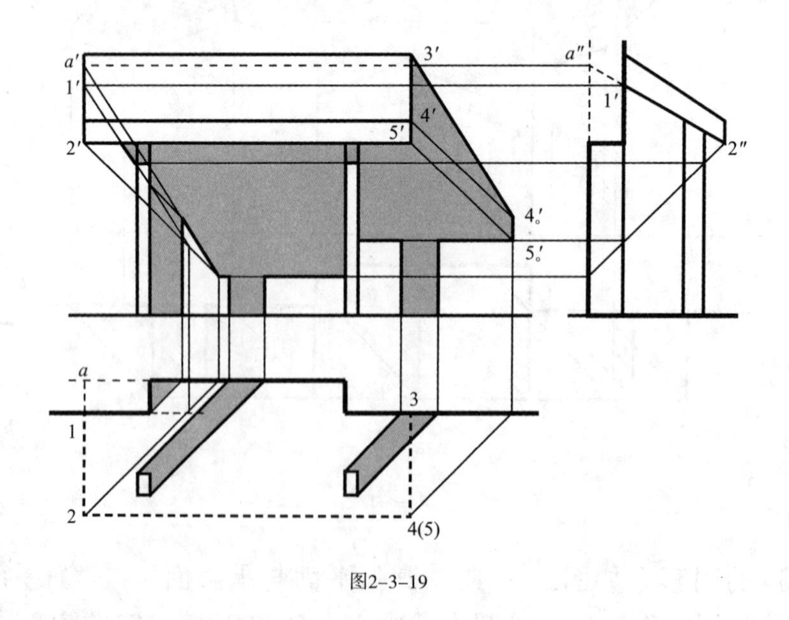

图2-3-19

例2：

如图2–3–20，利用返回光线法求斜柱落影。

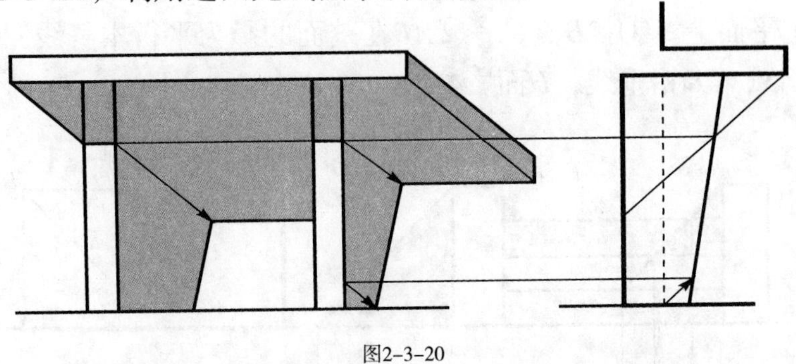

图2–3–20

例3：

如图2–3–21，作法：点2可用平、立面作45°线交出。求点3：有三种方法：①用平、侧面求出$3_0'$，作45°线得$3_1'$，连$3_0'1'$为上影，连$3_1'2_0'$为下影；②延长墙后部相交点A的a'和a''，连$2_0'a'$，得与墙角竖边影相交$3_1'$，再作45°线与墙角竖线交得$3_0'$，连$3_0'1'$得上一段影；③平面前墙延长与点2作45°线相交于b和点$2'$作45°线相交于b'，用$b'1'$连线得所求$3_0'$，过$3_0'$作影线平行于$3_1'2_0'$求出。

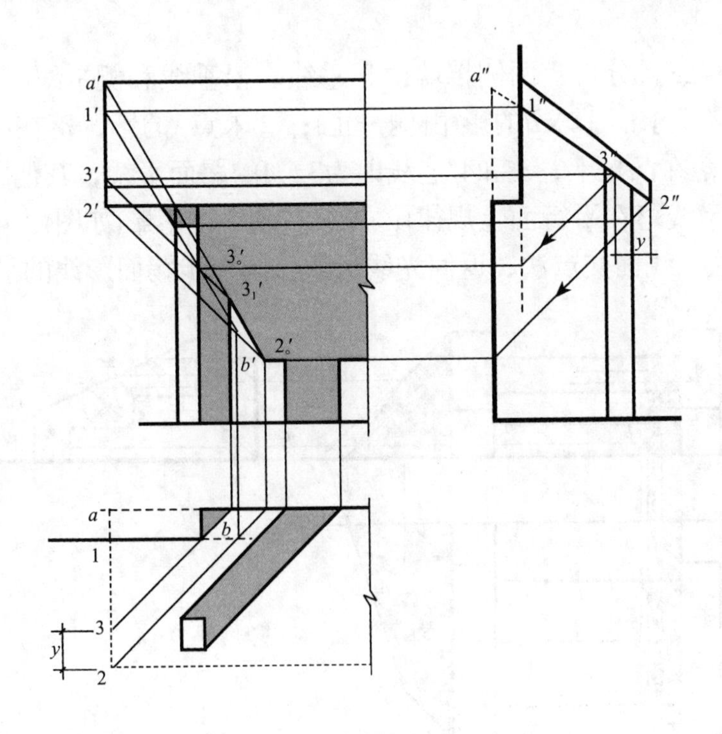

图2–3–21

例4：

如图2-3-22，分析：台阶左右栏板的影落在地面、踏面和踢面、墙面等水平、正平面上。①找B_0、C_0；②AB在踏面的影为平行本身线；③AB正垂线，V面影45°，CD铅垂线，H面影45°。

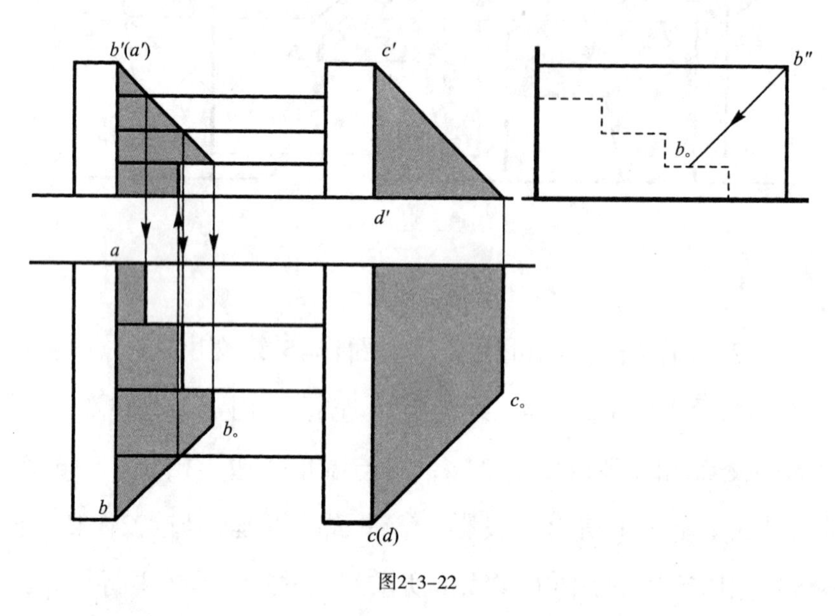

图2-3-22

例5：

如图2-3-23，分析：两侧挡墙由正垂线、铅垂线和侧平线(斜线)组成，可由侧面投影反求。①求B的影(由侧→正)；②求点3的影，落在凹棱上；③求点4的影，落在凸棱上；$3_0'$和$4_0'$连线即为3、4的踢面影线，其他踢面的影线与该影线平行(线落在平行面上规律)；④求右侧斜线落影(如图)，可用四种方法：求虚影法、线面交点法、返回光线法、作同踏步踢面影线的平行线。

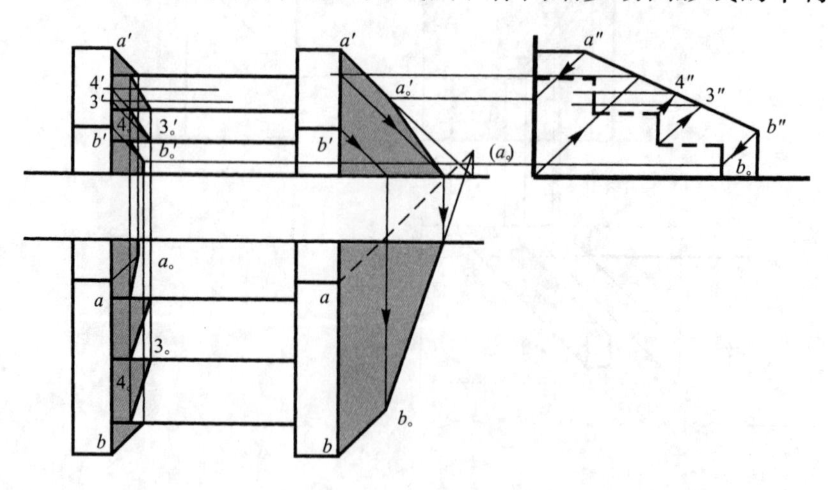

图2-3-23

例6：

平屋顶落影，如图2-3-24(a)、(b)、(c)、(d)、(e)、(f)。

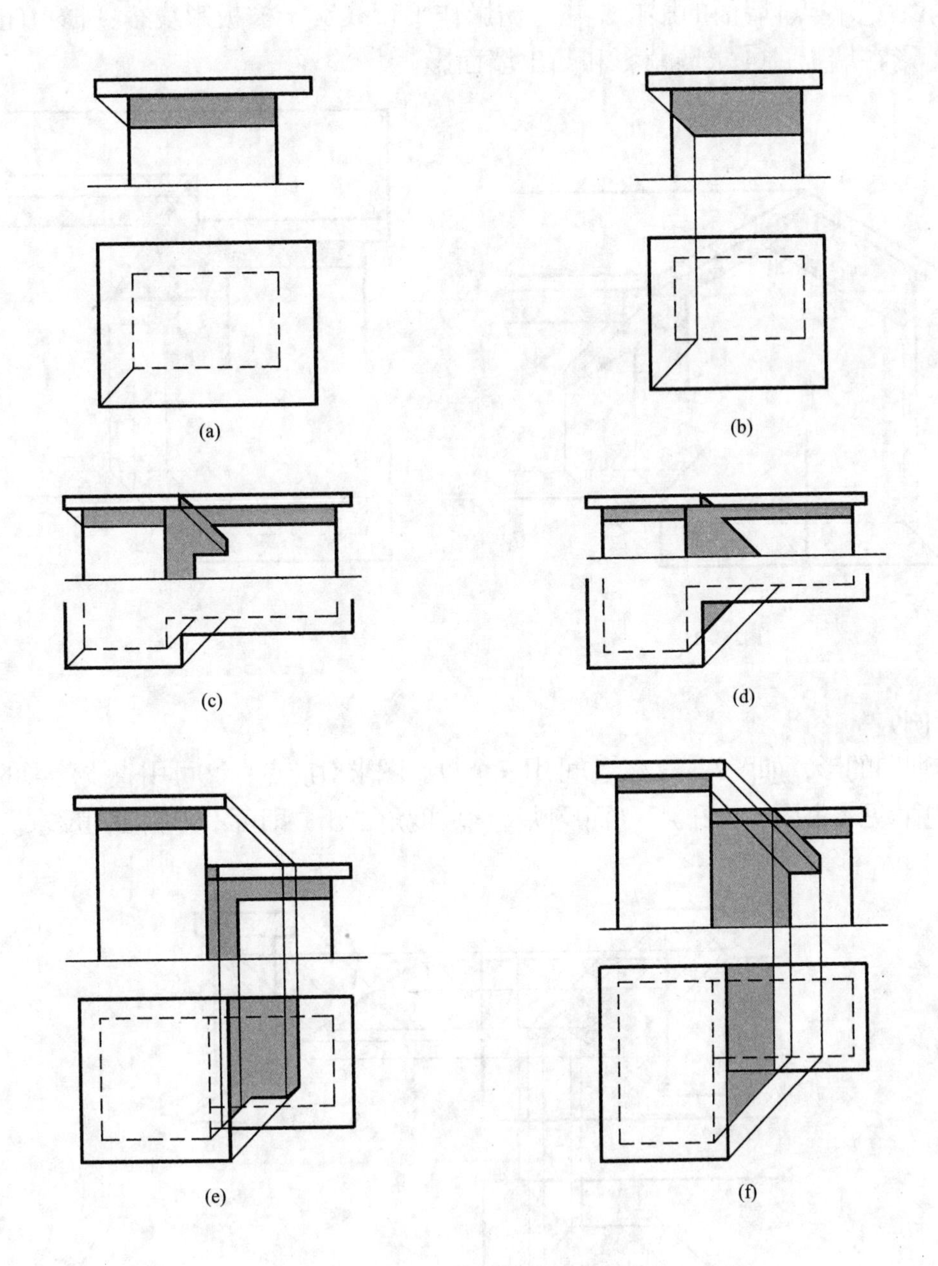

图2-3-24

例7：

如图2-3-25，坡屋顶的落影。

例8：

如图2–3–26：①求斜线段在封檐板落影，求点1虚影(1。)，(1。)连交点，找到2；②找点1墙面的影1。，并与檐影作平行线交于檐板影线；③檐口(正平线)落影在墙上；④求墙角影和凸出墙面影。

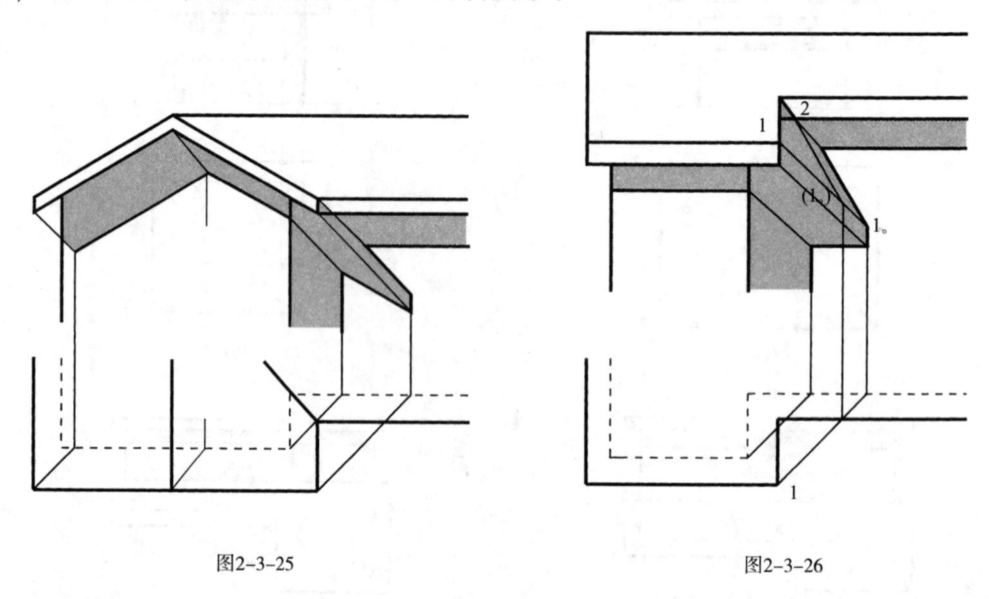

图2–3–25　　　　图2–3–26

例9：

烟囱的影，如图2–3–27：①可用三个投影图求对应点；②可用直线落影的第9条规律(见本书图2–1–21），*V*面反映屋面坡度角∠α，即可不用侧面图反求。

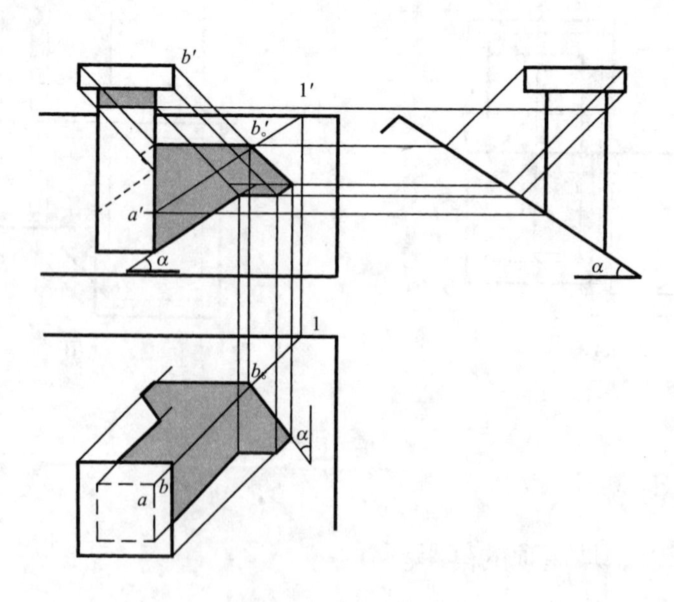

图2–3–27

求点的方法：①H面作45°线，交到屋脊点1，投到V面；②取$a'1'$，过b'作45°线，交点为所求(或用侧面反投)。

例10：

双坡顶天窗阴影，如图2–3–28。

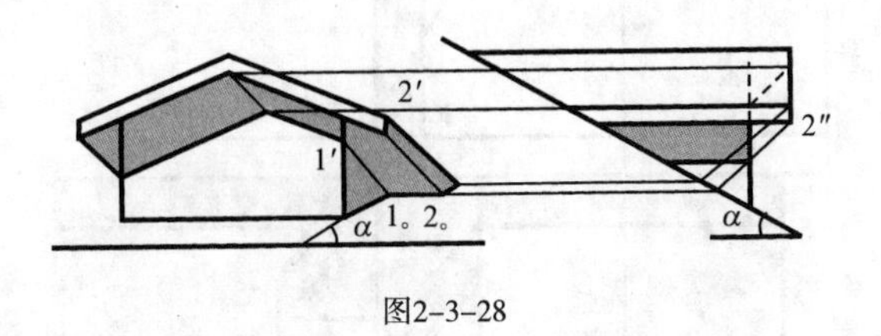

图2–3–28

例11：

单坡顶天窗阴影，如图2–3–29。

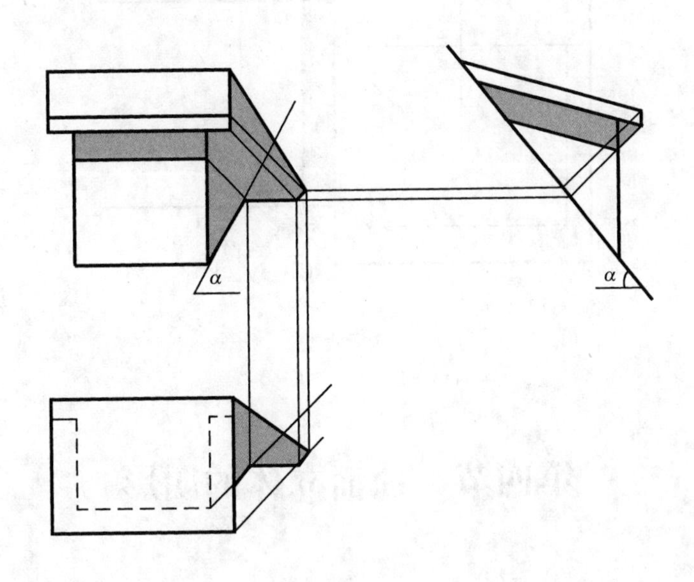

图2–3–29

例12：

檐口等高，求两相邻的双坡顶房屋的落影，如图2–3–30：①求$2_0'$；②求点3在墙面的影，$2_0'3_1'$连线得$2_0'4'$；③过$4'$作45°线得檐口的$4_0'$；④过$4_0'$作线与$2_0'4'$平行得$5_0'$；⑤过$5_0'$作$2'3'$的平行线，交$3_1'3'$于$3_2'$；⑥将$3_2'5_0'$投到平面上；⑦$3_2$连交点，3_2k为$3k$的影。

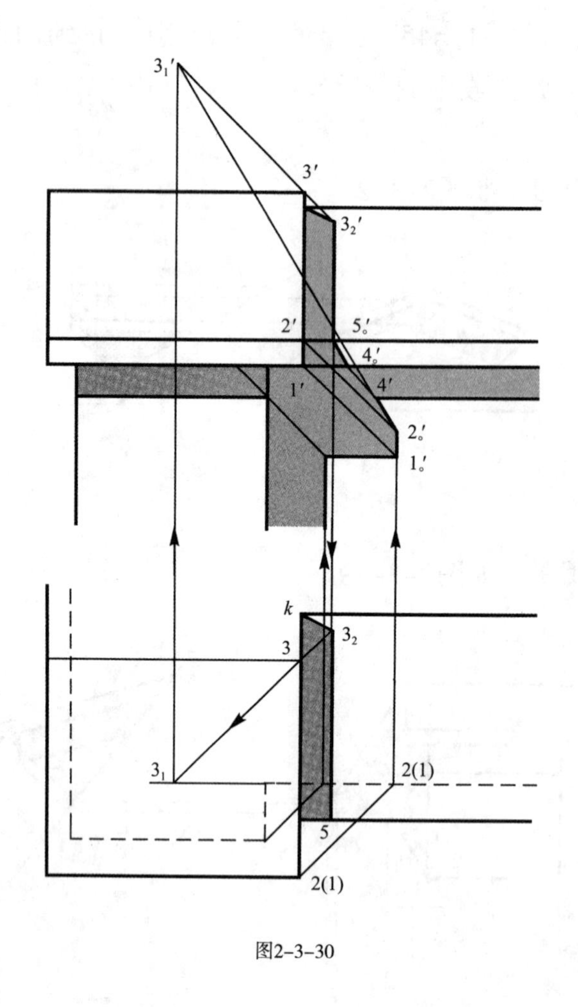

图2-3-30

第四节　曲面立体的阴影

包括柱面和锥面的阴影，以及柱头(方、圆)盖在柱面的阴影。

一、圆柱的阴影

如图2-4-1，圆柱轴线垂直于*H*面，离*V*面远，所以影落在*H*面上。上圆平行于*H*面，所以*H*面上的落影亦为相同大小的圆。下圆在*H*面上的落影为原圆一半。图2-4-2为影落在两个投影面上。

图2-4-3为带方盖独立圆柱的阴影。作法：①作圆柱本身的阴线，确定柱面上的阴面；②作方盖在圆柱面上的落影。圆柱垂直于*H*面，方盖的阴线

为侧垂线。侧垂线在V面圆柱的落影，为圆柱正截面同半径的圆弧，其影线可以由量取距离定出圆心，取圆柱的半径画弧求得。

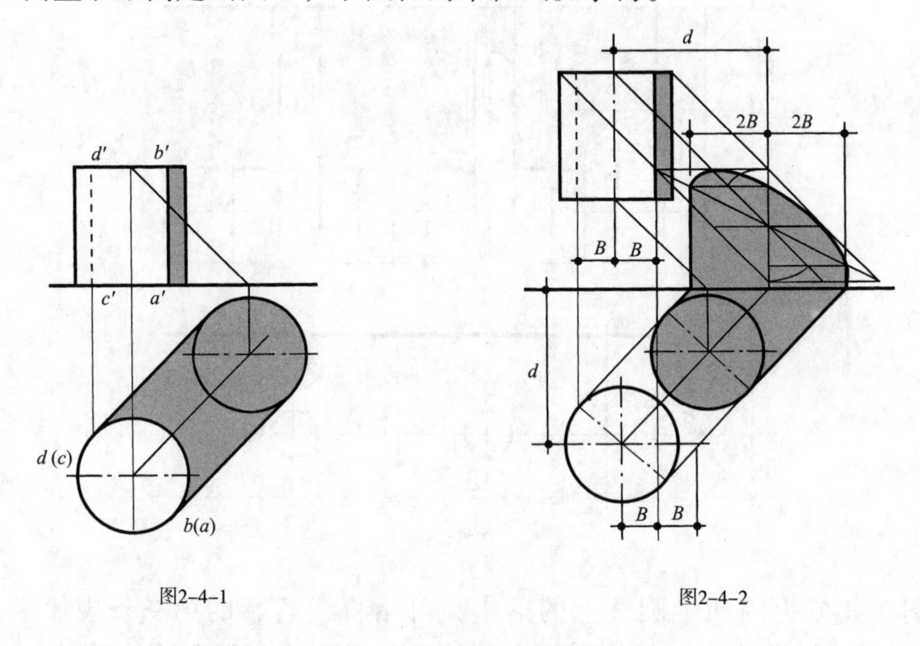

图2-4-1　　　　图2-4-2

图2-4-4为方顶柱廊一侧的落影求法。

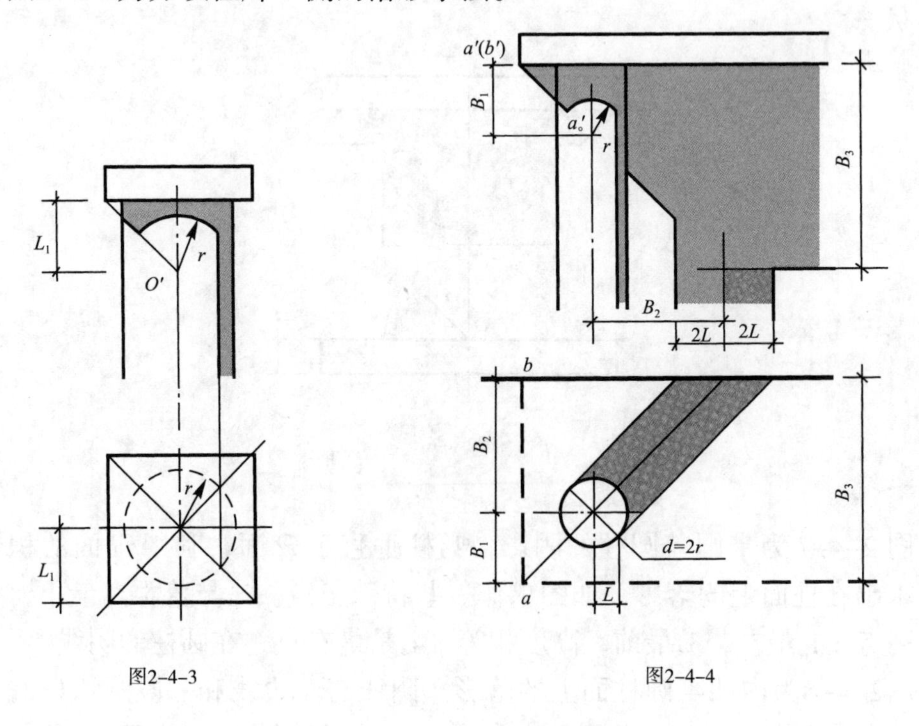

图2-4-3　　　　图2-4-4

图 2-4-5 为圆柱廊的阴影作法：①用 L_1 作顶盖的影；②用 L_2 定柱影中线，由中线两边各作 2L；③用 L_3 求柱身影的圆心，用圆柱半径 r 作弧；

④用 L 求柱的阴线。

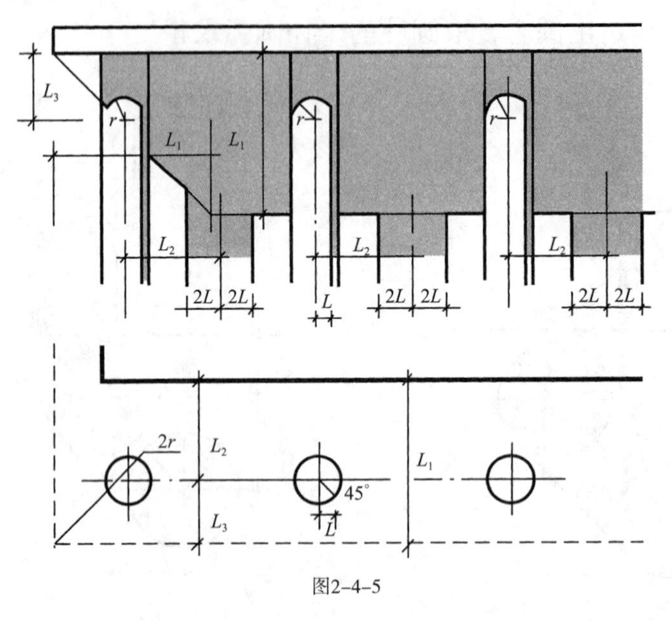

图2-4-5

图 2-4-6 为内凹半圆柱上的落影，可用直线落影的第 9 条规律求作，AB 为侧垂线，落影在正面投影面上，其影与平面（有积聚性的投影）成对称形状。

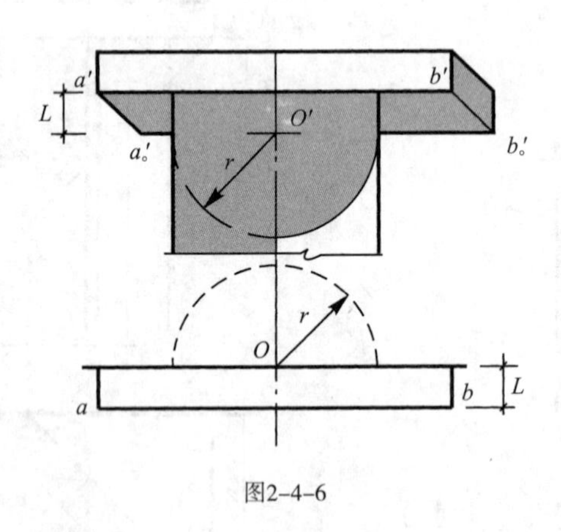

图2-4-6

图 2-4-7 为带圆盖圆柱的阴影，圆柱垂直于 H 面，利用 H 面的积聚性直接求出在柱面上的落影，如图求作一些特殊影点。2_0与盖距离最小，是影线最高点；1_0最左，3_0最前，高度相等；4_0是最右点，在圆柱的阴线上。

图2-4-8为内凹半圆柱面上的落影。阴线与左边线和一段圆弧132，2点为光切点，是阴线端点，落影为自身。1、3用H投影作出，沿垂线(阴线)的落影一段在柱面，另一段在H面，为45°直线14。

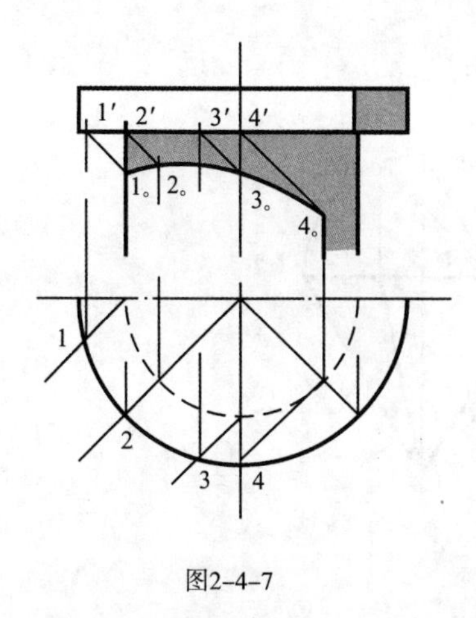

图2-4-7

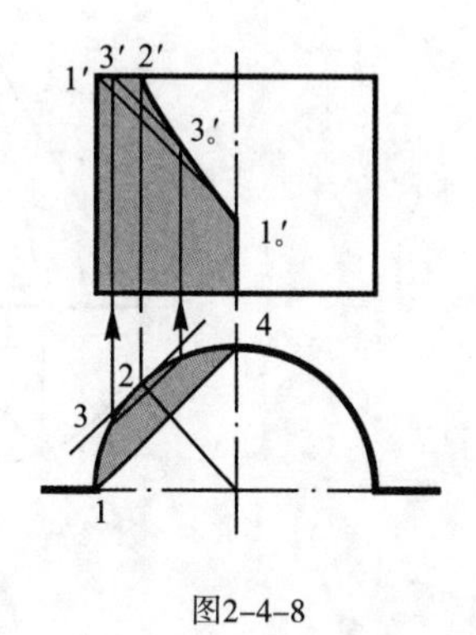

图2-4-8

二、圆锥的阴影

如图2-4-9，锥面的素线是通过锥顶的，在正圆锥体上过S引光线，求出在H面的落影S_h，由S_h引底圆的切线，得1、2两切点，S1、S2就是锥面阴线在H面投影，再向上投求得1′、2′。

倒圆锥的阴线与正圆锥阴线相反，如图2-4-10。倒圆锥的影：①底圆平行于H面，影为圆，锥顶在H面影顶重合；②过锥顶S作底圆影的切线Sa。和Sb。，Sa。、Sb。就是影线，对应的SA和SB素线为阴线；③S′a′为可见阴线，水平投影面为不可见。另法：求锥顶S在底圆所在平面上的“虚影”S_1，过S_1作底圆的切线S_1a和S_1b，求得阴影SA和SB。

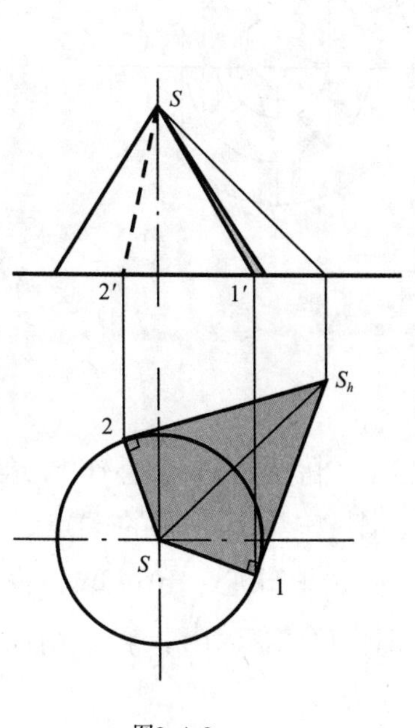

图2-4-9

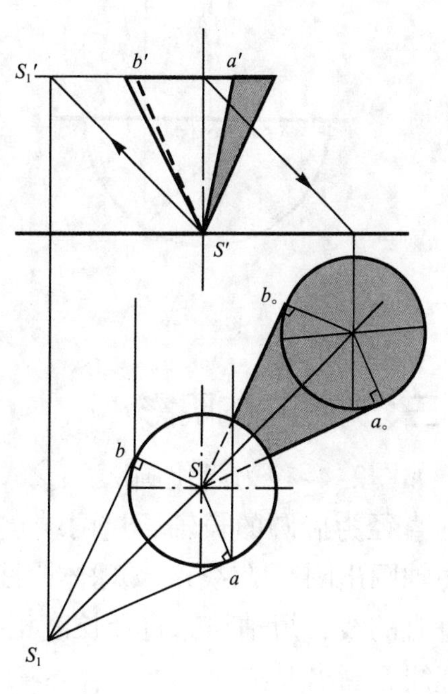

图2-4-10

图2–4–11为正圆锥和倒圆锥阴影简易作法。

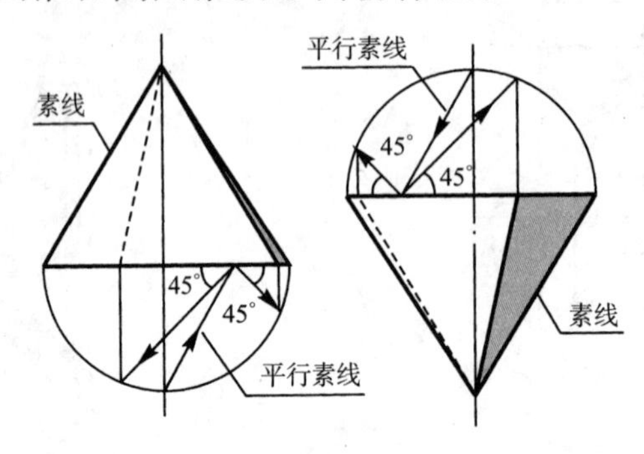

图2–4–11

图2–4–12为锥面的落影例子，图2–4–13为圆锥和圆柱组合体的阴影。

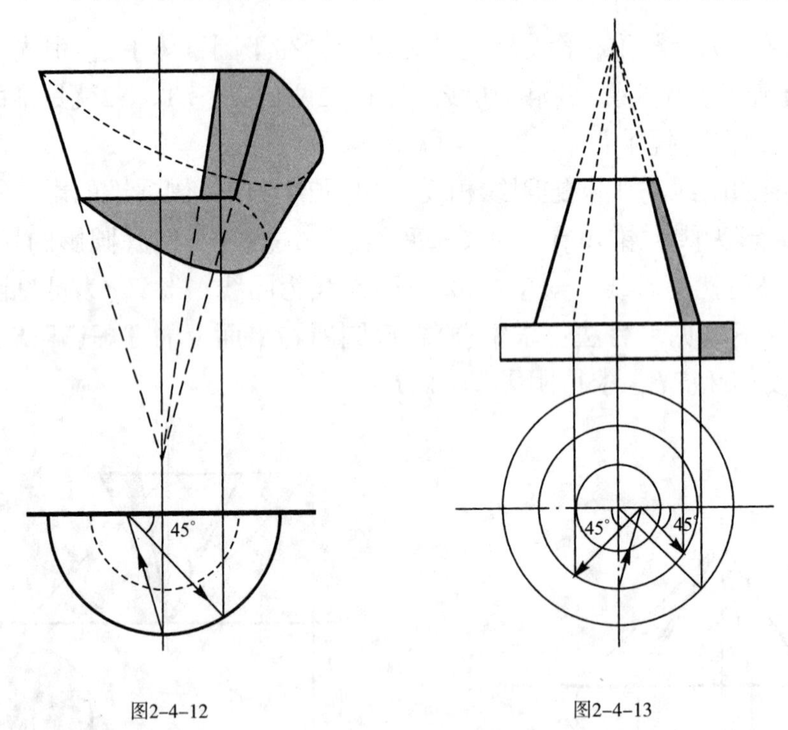

图2–4–12

图2–4–13

三、球面体的阴影

如图2–4–14为简化画法：①球体阴影(阴线)为椭圆，过球心作与光线垂直的直径为椭圆的长轴，过两端点作30°夹角，其交点为短轴的端点，再由长短轴画出阴影(阴线)；②球体阴线落影的作法：a)求球心；b)过球心作与光线垂直的线，短轴与球直径长度相同；c)过短轴作60°角求出长轴；d)长、短点连线，画出椭圆。

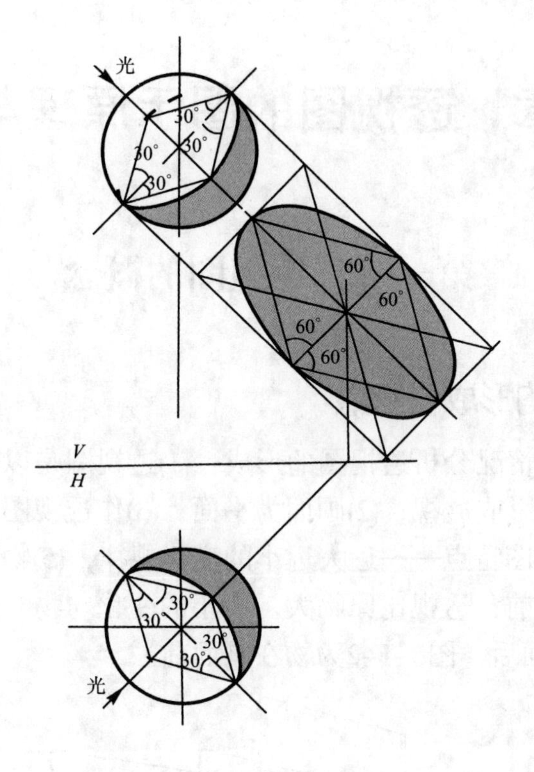

图2-4-14

第三章　透视图的图示原理与方法

第一节　透视图的概念

一、透视图的形成与特点

从照片的形成情况分析透视图的形成：(1)透视图是以眼睛为中心的中心投影，又称透视投影或透视；(2)画面为平面；(3)作透视图实际为求直线与平面的交点；(4)透视图特点——近大远小的变化规律；(5)物在画面后，透视一般缩小，物在画面前，透视比原物大。大小的变化与物与画面的距离有关。图3–1–1为物在画面后，图3–1–2为物在画面前。

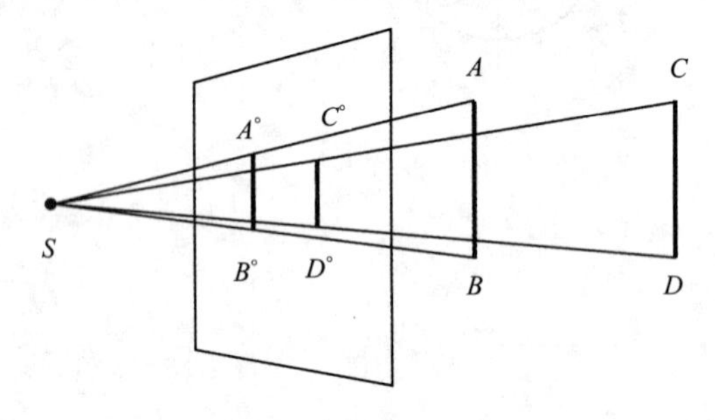

图3–1–1

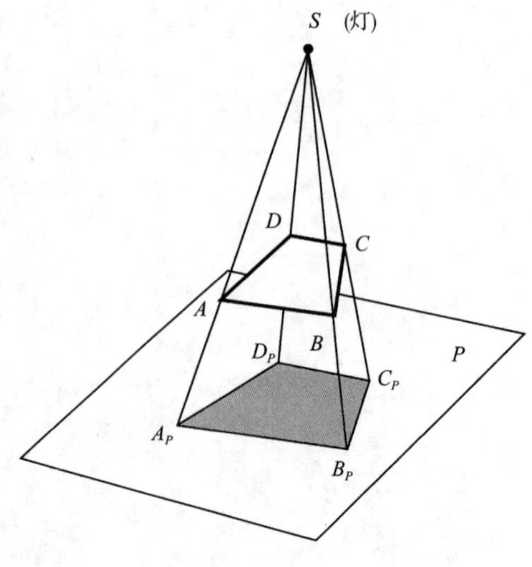

图3–1–2

二、透视作图常用术语和符号(图3–1–3)

G(基面)——放物体的水平面或绘有物体平面图的*H*面。

P(画面)——透视图所在的投影面(平面)，如选用垂直基面的铅垂面，它相当于*V*面。

g–g(基线)——*G*面与*P*面的交线(在平面图中以*P–P*表示画面迹线位置，与*g–g*重合)。

S(视点)——眼的位置，投影中心。

s(站点)——在基面上，人的站立点，视点的投影。

s°(心点)——*S*在*P*面上的正投影。

Ss°(中心视线、主视线)——*S*与s°的连线，站点到画面(基线)的距离。

h–h(视平线)——视平面(过视点*S*所作的水平面)与画面的交线。

Ss(视高)——眼的高度，投影中心*S*的高度。

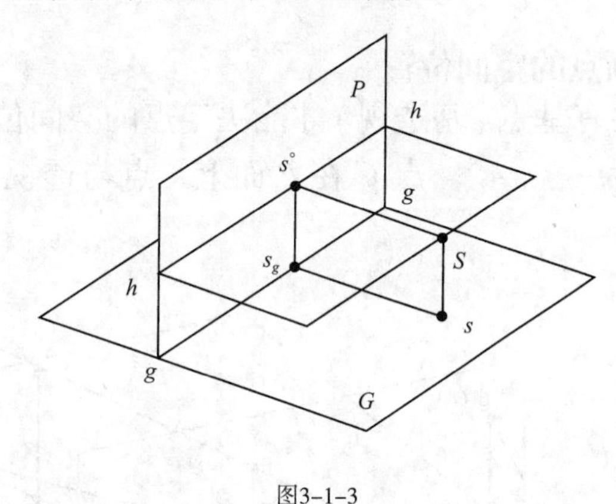

图3–1–3

第二节　透视的基本规律

一、点的透视规律

1. 点的透视规律与基透视关系

•点的透视与基透视位于同一条铅垂线上，如图3–2–1，因为由点*S*、*A*、*a*决定的平面是垂直于基面的，所以平面*SAa*与画面的交线垂直于基面，也垂直于基线。

•$A^\circ a^\circ$为*Aa*的透视高度，点*A*在画面后，$Aa > A^\circ a^\circ$，也有小于(点*A*在画面前)或等于(点*A*在画面上)的情况。*A*为空间任意点，A°为*SA*与*P*面的交点，称为点A的透视，a°为Sa与P面的交点，是点A在基面的正投影，称为点A的基点，a°称为点A的基透视。

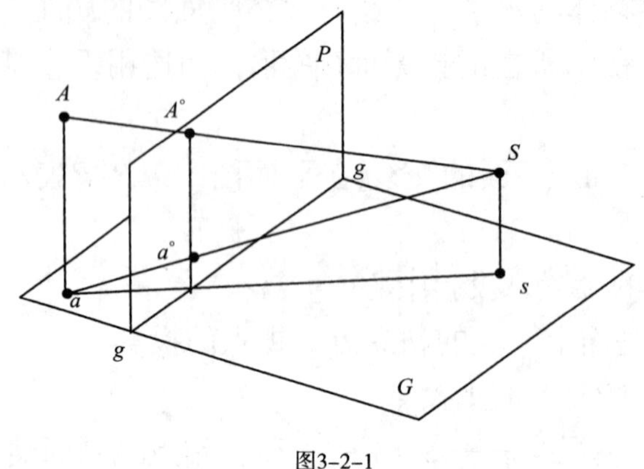

图3–2–1

•基透视是确定透视高度的起点。

2. 从基透视判断点的空间位置

如图 3–2–2，要有基点 (基透视) 才能决定点的空间位置。如点 A、A_1… 在视线上其透视同为一点 A°。点 C 在 P 面上，点与透视重合，基透视与基线重合。

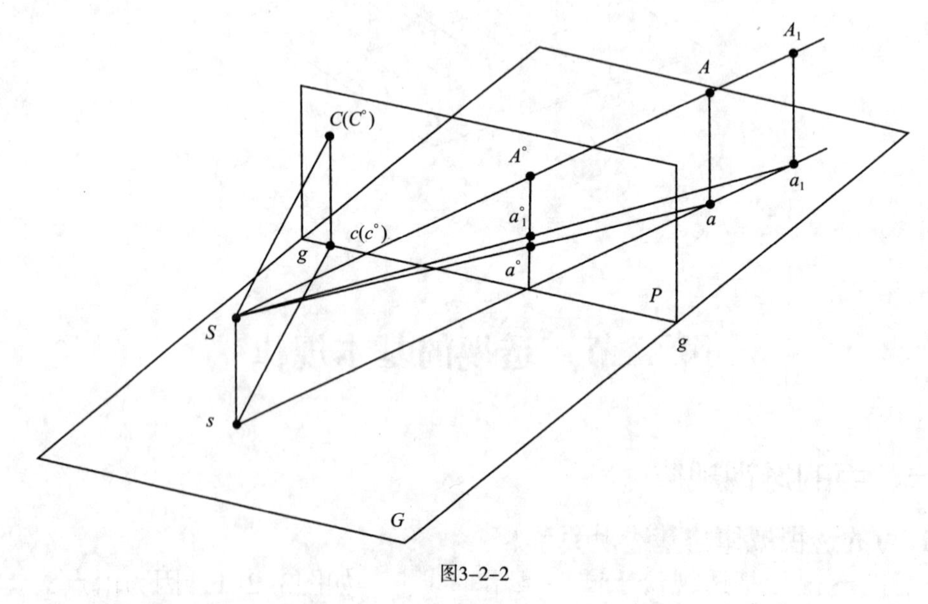

图3–2–2

根据点的基透视可判定点的空间位置，如图 3–2–3，点 A 在画面前，a° 基透视在基线 g–g 之下；点 B 在画面上，b°基透视在基线 g–g 上；点 C 在画面后，c°基透视在 h–h 与 g–g 之间 (c°和 a°的距离即 AC 的透视长可用灭点求，后面将讨论)。

•点在画面愈后，其基透视愈高(愈接近视平线)——无限远的点的基透视在视平线上，此时点的透视和点的基透视重合。

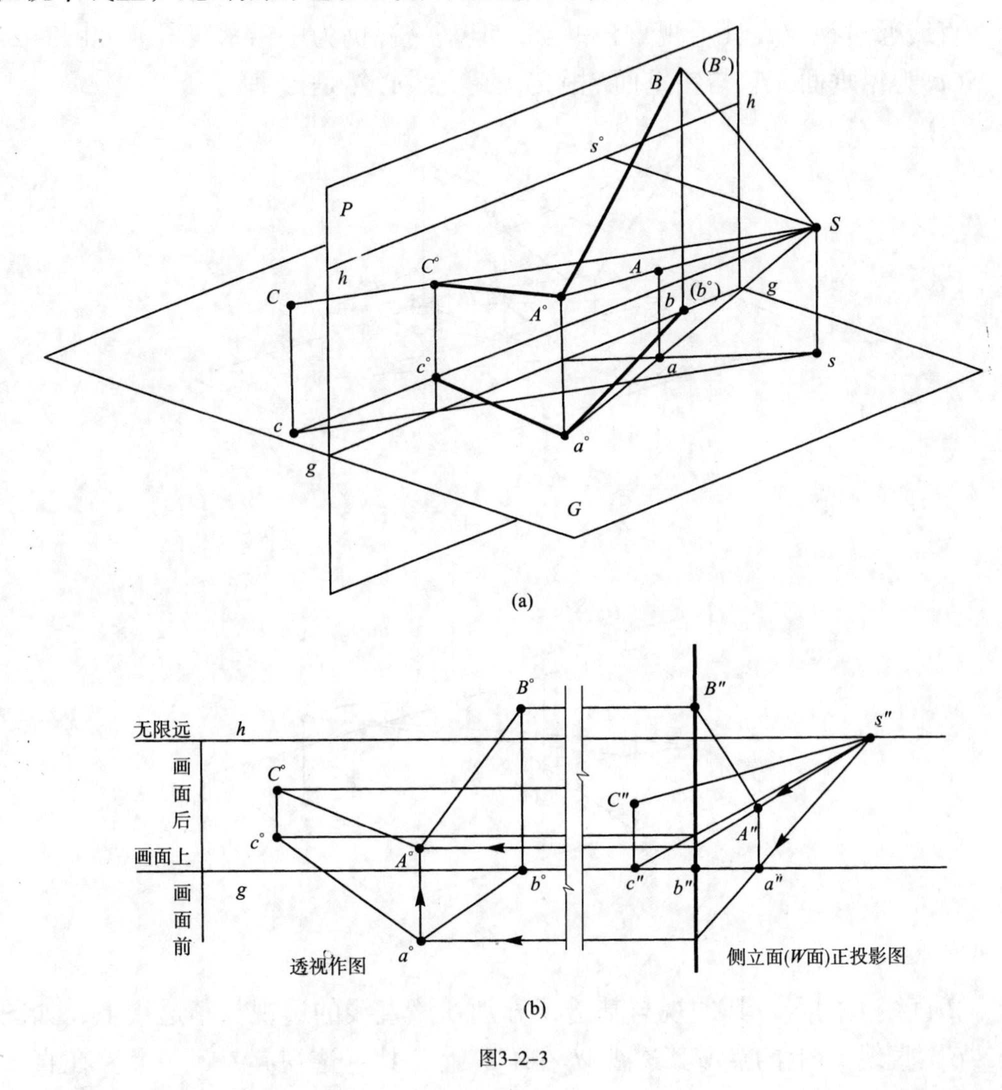

图3-2-3

•基面上的点，基透视与透视重合，且在g-g和h-h之间，即离画面愈远，透视点愈接近h-h。

二、直线的透视规律

直线与画面的相对位置不同，可分为两类：与画面相交称画面相交线；与画面平行称画面平行线。它们的透视有明显区别。

1. 画面相交线

(1)倾斜于基面的画面相交线

①直线的透视(基透视)为直线，如图3–2–4，视平面SAB与画面相交，交线$A^{\circ}B^{\circ}$必然是一直线。同样$a^{\circ}b^{\circ}$也是直线。透视与基透视均为直线。特殊情况：直线通过视点，其透视重合一点，但基透视仍为一铅垂线段。如图3–2–5，$SCcs$为铅垂面，它与铅垂面P相交，其交线必然是铅垂线。

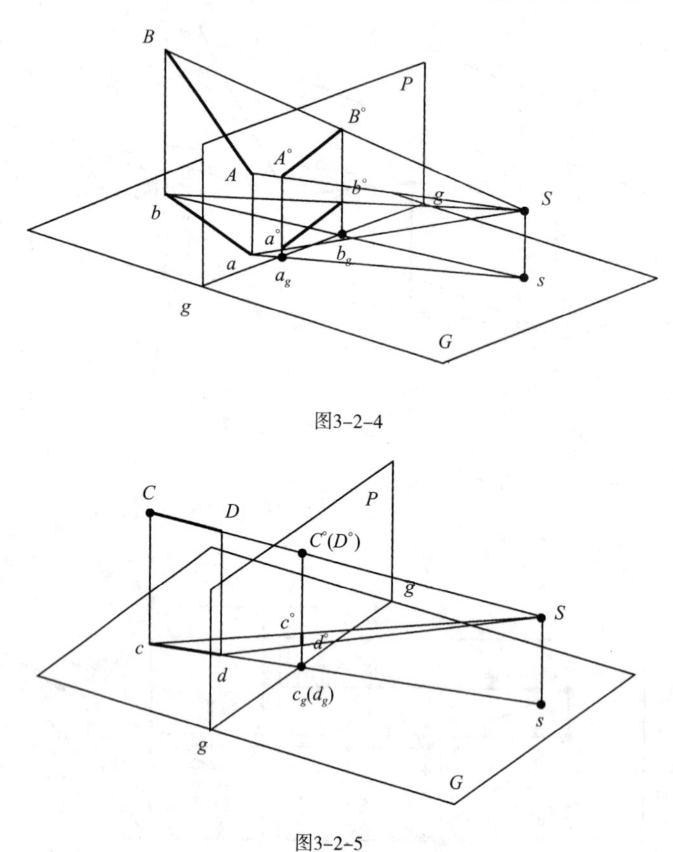

图3–2–4

图3–2–5

②直线上的点，其透视与基透视分别在该直线的透视与基透视上，如图3–2–6，直线AB上的点M其透视M°在$A^{\circ}B^{\circ}$上，其基透视m°在$a^{\circ}b^{\circ}$上。在直线上，M是AB的中点，但AM近，其透视$A^{\circ}M^{\circ}$比$M^{\circ}B^{\circ}$长(近大远小)，透视不保持原来的比例。

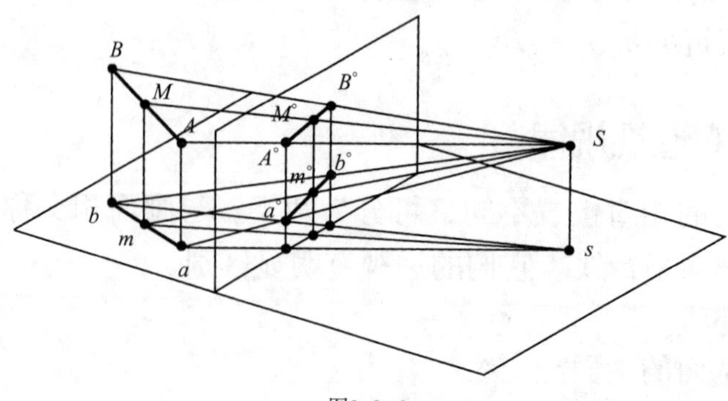

图3–2–6

③直线与画面交点称为直线的画面迹点。如图3–2–7，AB延长与画面相交于T，T为AB的画面迹点。

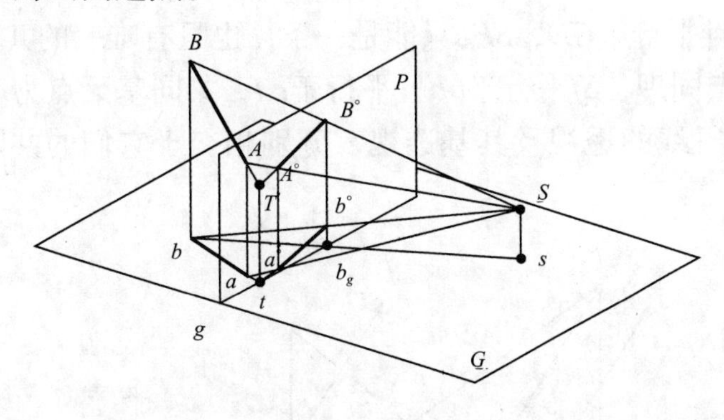

图3–2–7

迹点在画面上，其透视即自身。$A^{\circ}B^{\circ}$通过T，t为T的正投影，也是ab延长与画面的交点，$a^{\circ}b^{\circ}$必然通过t(先延长ab交基线于t，投上求T；连s、b得b_g，投上求得b°和B°)。

④直线上离画面无限远的点，其透视称为直线的灭点。

如图3–2–8，所引视线SF_{∞}//AB延长线，SF_{∞}与画面交点F称为直线AB的灭点。$A^{\circ}B^{\circ}$延长通过F，$a^{\circ}b^{\circ}$延长通过f(f为ab上无限远点f_{∞}的透视)。f称基灭点：f位于h–h上(因为平行于ab的线只有水平线，它与画面相交只有点f)；F和f在同一条铅垂线上，$Ff \perp h$–h(因为SF//AB，sf_g//ab，AB与ab是处于同一铅垂面的两条线)，SFf也是铅垂面，它与铅垂面（画面）相交，其交线Ff只能是铅垂线。

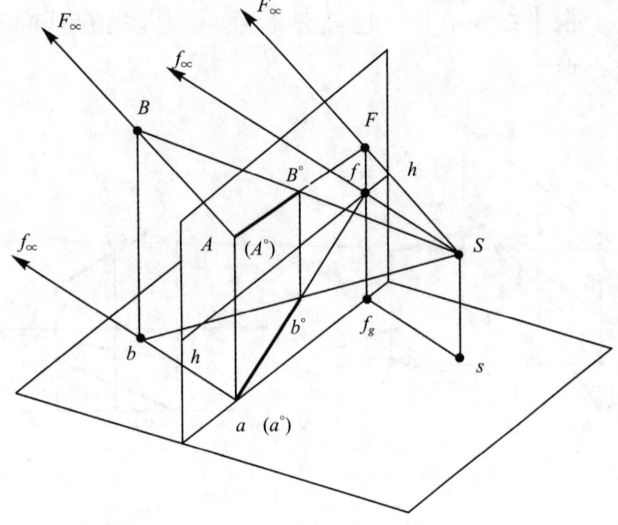

图3–2–8

⑤一组平行直线有一个共同的灭点，其基透视也有一个共同的基灭点。

如图3-2-9，*AB*平行于*CD*，点*A*和点*C*在画面上即A°和c°，自视点*S*引的视线平行于*AB*且平行于*CD*，SF_∞只能是一条，也只有唯一的共同点，即为灭点。共同基灭点同理，*Sf*平行于*ab*且平行于*cd*，共同基灭点为*f*(在视平线*h*-*h*上)，即一组平行线的透视及其基透视，分别相交于它们的共同灭点和基灭点。

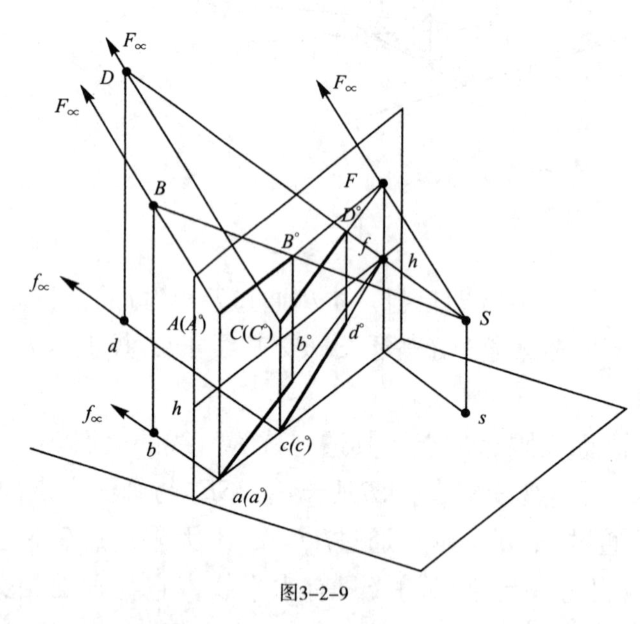

图3-2-9

(2)垂直于基面的画面相交线

如图3-2-10，灭点和基灭点均是s°(心点)。因为所作*AB*、*CD*…平行线与视线平行，必交于视平线*h*-*h*上，也就是心点s°。直线的基面投影也垂直于画面，基灭点同是心点s°。

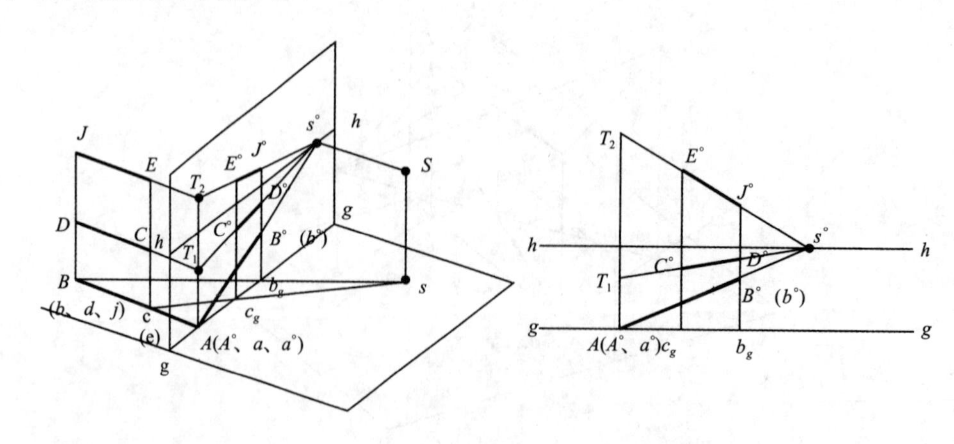

图3-2-10

•AB为基面上的画面垂直线，AB和ab重合，而点A又在画面上(即在基线上)，$A^{\circ}B^{\circ}$和$a^{\circ}b^{\circ}$重合。

•CD、EJ的透视汇合于心点s°，起始点求法用基面投影求，连$sd(j)$、$sc(e)$与g–g交得点b_g、c_g，由交点反上求得EJ、CD透视。

•CD、EJ的基透视$c^{\circ}d^{\circ}$、$e^{\circ}j^{\circ}$对应重合(因为基点重合)。

(3)平行于基面的画面相交线

AB的$A^{\circ}B^{\circ}$和$a^{\circ}b^{\circ}$的灭点和基灭点是h–h上同一个点F，如图3–2–11。

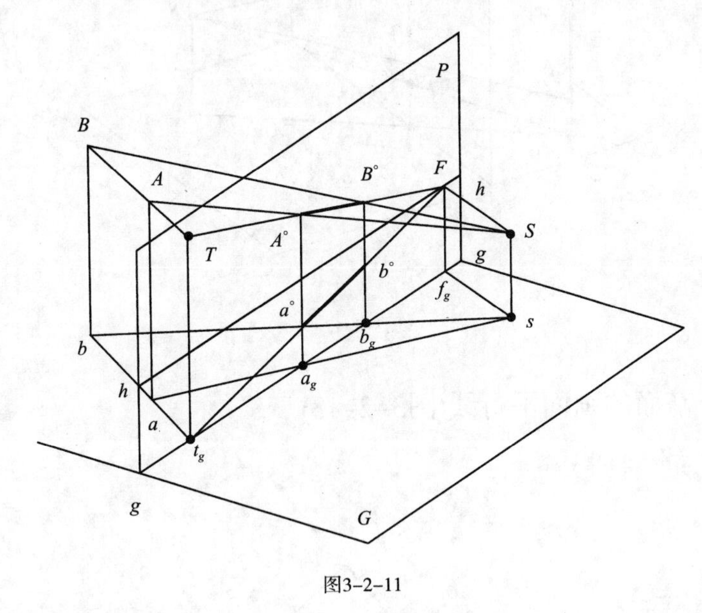

图3–2–11

总结画面相交线的透视规律：

(1)在画面上有迹点，有灭点。迹点和灭点的连线为该线的透视方向。

(2)基透视位置在视平线h–h下方，基灭点在h–h的f(倾斜于基面的线)或F(平行于基面的线)上。

(3)直线上所分的线段比，其透视不保持原来比例。

直线透视规律：

画面相交线(有灭点，有迹点)
- 基面平行线
  - 垂直于画面(灭点在心点s°)(基灭点在心点s°)
  - 倾斜于画面(平行于基面，灭点、基灭点在h–h上)
- 基面倾斜线
  - 上行线(灭点在 h–h 的上方、基灭点在 h–h 上)
  - 下行线(灭点在h–h的下方、基灭点在h–h上)

2. 画面平行线

(1)基面垂直线——铅垂线EJ，其透视仍为铅垂线，其基透视为一点(图3-2-12)

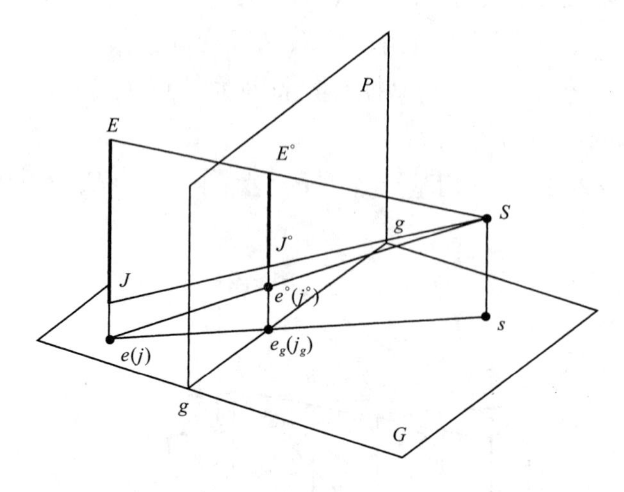

图3-2-12

(2)倾斜于基面的画面平行线(图3-2-13)

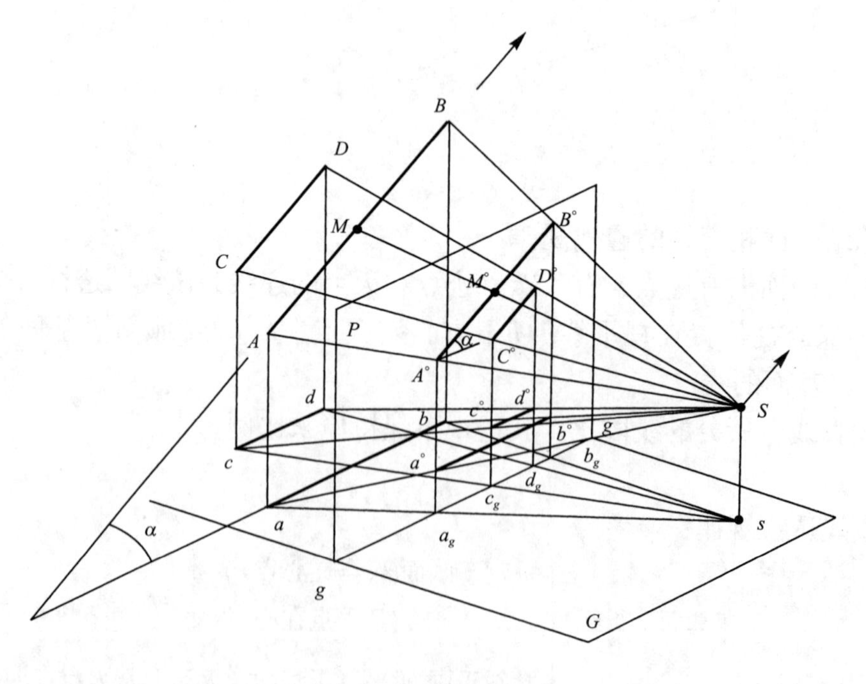

图3-2-13

•透视平行于直线，透视与g–g的夹角等于直线对基面的倾角。

•直线基面投影平行于基线，其基透视平行于$g-g$和$h-h$，即为水平线。

•无迹点，无灭点。

•因为$AB // A^{\circ}B^{\circ}$，直线上的分线段的长度比等于透视分线段之比。

•一组互相平行的画面平行线，它们的透视互相平行，各相应的基透视亦互相平行，并且平行于$g-g$和$h-h$。

(3)平行于基线的画面平行线

如图3-2-14(a)，$AB // P$面(平行于$g-g$)，$A^{\circ}B^{\circ} // a^{\circ}b^{\circ}$。

如图3-2-14(b)，CD在画面上，$C^{\circ}D^{\circ}$与CD重合(透视为其本身)，基透视$c^{\circ}d^{\circ}$在基线上反映实长。C_1D_1离开画面，透视及基透视变短。$C^{\circ}c^{\circ}$与$D^{\circ}d^{\circ}$在画面上反映真实高度。

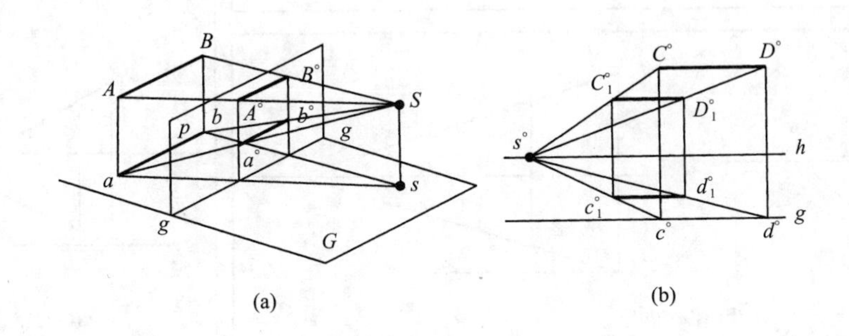

图3-2-14

总结画面平行线的透视规律：

(1)直线与画面平行无交点——无灭点，无迹点。

(2)除基面垂直线的基透视为一点外，其余两种情况的基透视均为水平线段(即平行于$g-g$和$h-h$)。

画面平行线
- 基面垂直线(透视为铅垂线，基透视为一点)
- 基面倾斜线(直线分线段比等于透视的分线段之比；透视的水平角等于直线的水平倾角；基透视为水平线段)
- 基线平行线(透视、基透视为水平线段)

直线的透视规律图示：

画面相交线，如图3-2-15(a)、(b)、(c)。

画面平行线，如图3-2-15(d)、(e)、(f)。

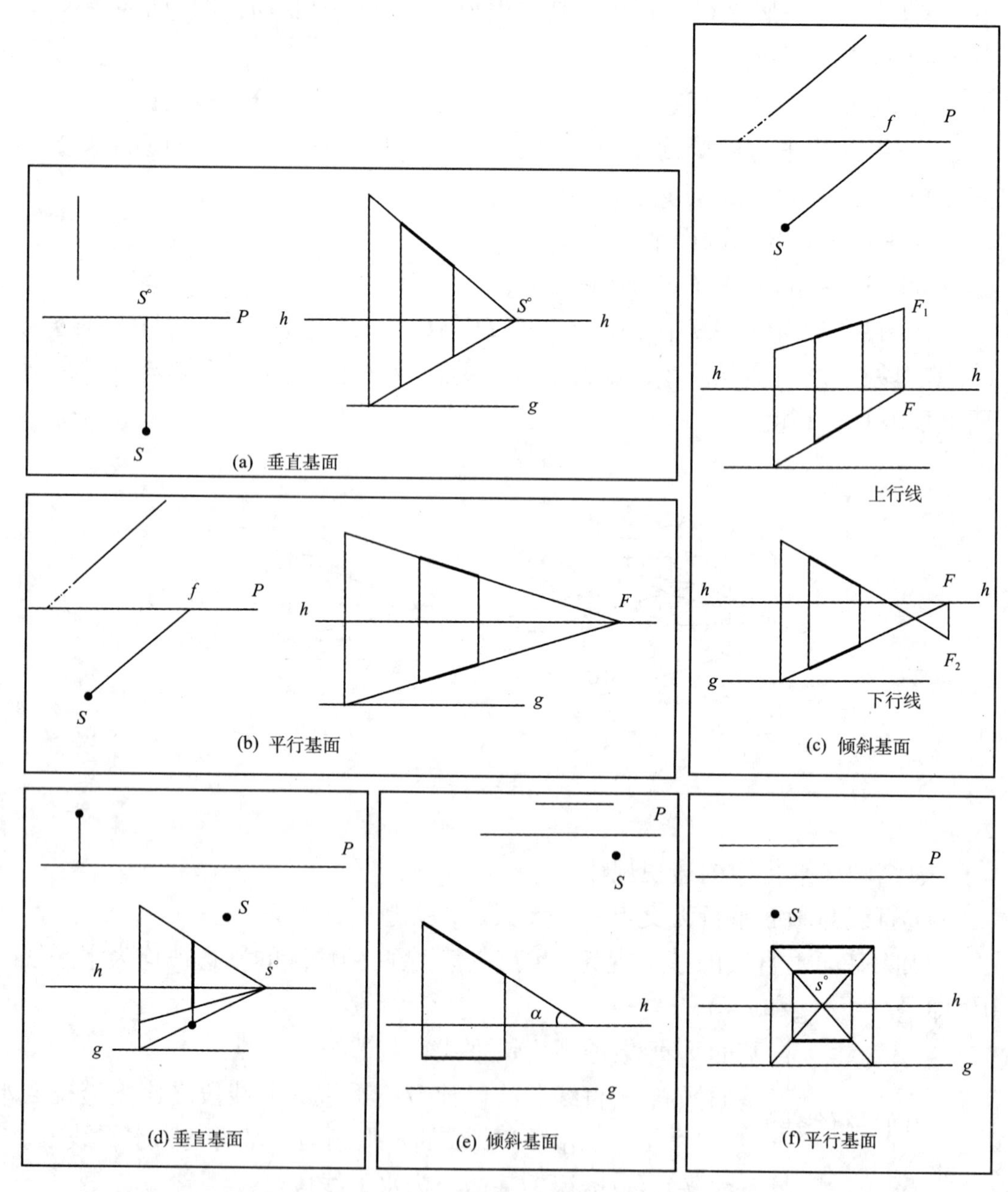

图3–2–15

三、透视高度的量取

位于画面上的铅垂线，其透视是该直线本身(反映实长)，叫真高线。

如图3–2–16，矩形$ABCD$垂直于G面，AB在画面上，$A^\circ B^\circ$就是AB，AB叫真高线。作$SF /\!/ AD$，得h–h上的点F，连$AF(A^\circ F)$和$BF(B^\circ F)$，再连站点和C交g–g于c_g。投上求得C°、D°，$C^\circ D^\circ$比$A^\circ B^\circ$短。

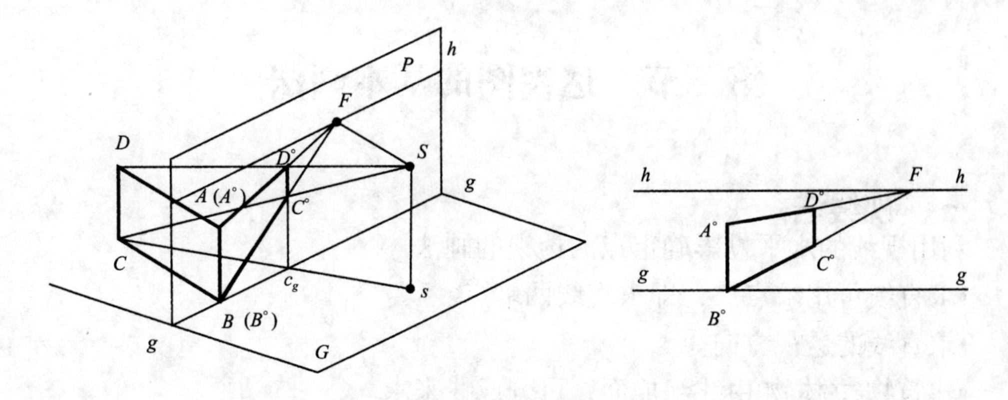

图3-2-16

如图3-2-17，自a°作垂直线的透视，使其真实高度为L(即上题反求法)。

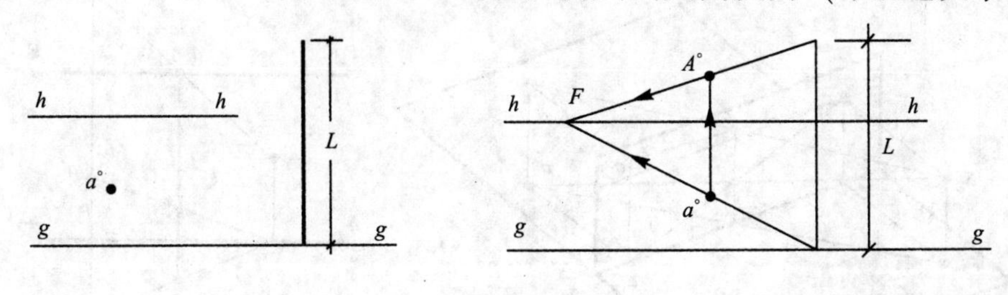

图3-2-17

集中真高线：避免每确定一个透视高度就画一条真高线，可集中利用一条真高线求各自透视高度。如图3-2-18，点A、B高为4，点C为5，点D为3分别所作的各点透视高度。

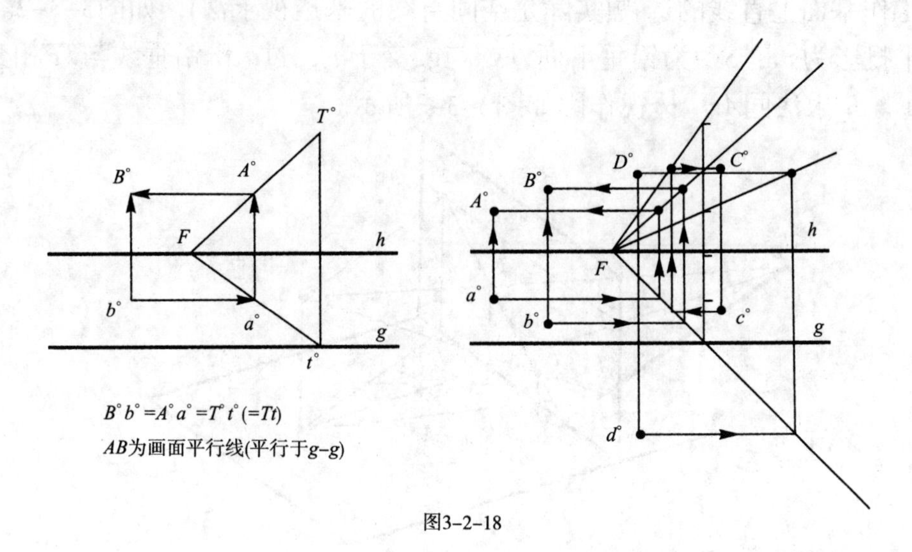

图3-2-18

第三节　透视图的基本画法

一、视线法

利用视线的水平投影确定点的透视的画法。

•求直线可用求点法，即求直线两端点。

•求直线的透视方向。

•建筑物(立体物)由线组成面，可分成线来求。

1. 点的透视作图

如图3-3-1，点*A*透视求作原理。

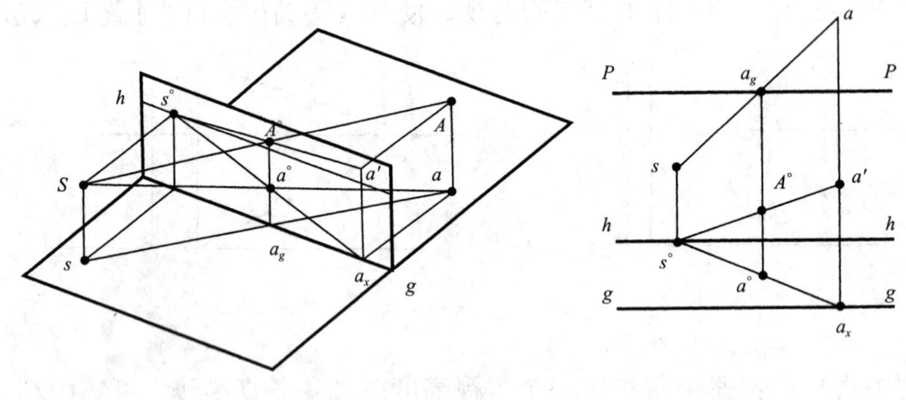

图3-3-1

2. 直线的透视作图

(1)作基面上直线的透视(实际是空间直线的基透视求法)，如图3-3-2。*SA*的水平投影为*sA*，*SsA*为铅垂平面，*sA*与*gg*交于a_g，过a_g作铅垂线与*TF*相交，求得A°。B°求法同A°。透视作图如图3-3-3所示。

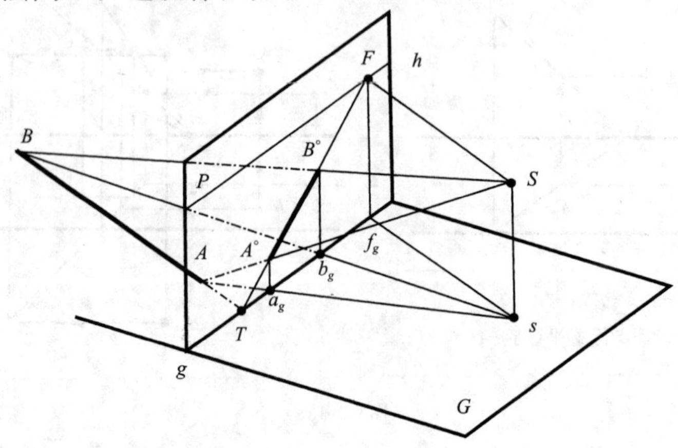

图3-3-2

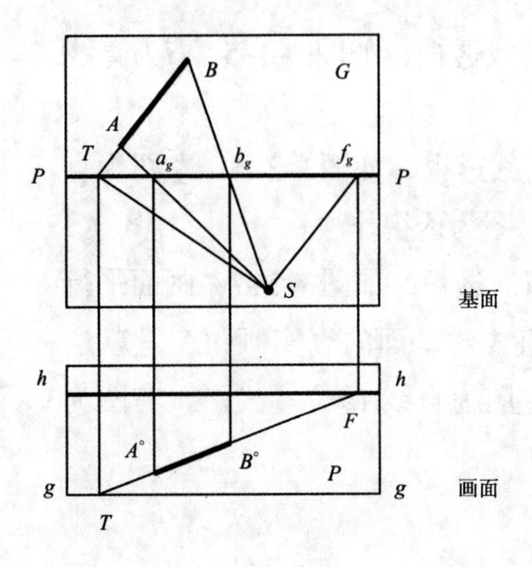

图3-3-3

(2)作基面平行线透视(空间水平线)，如图3-3-4(a)、(b)。

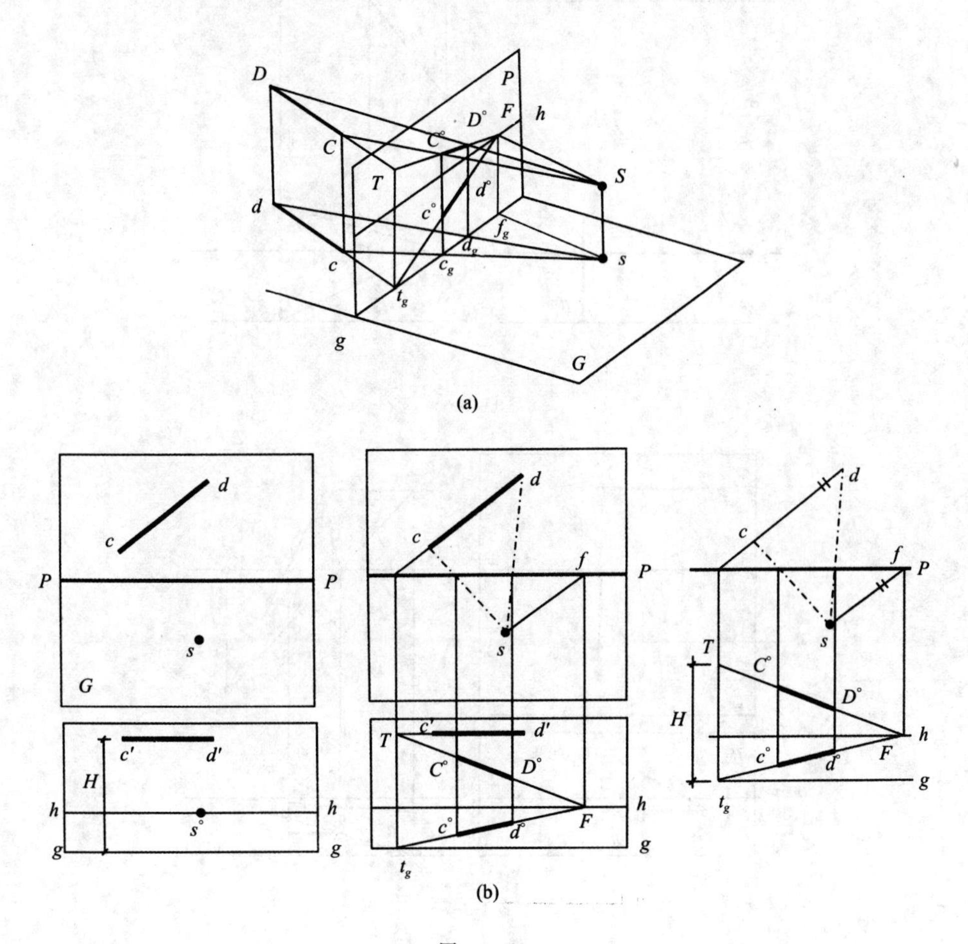

图3-3-4

(3)作画面垂直线透视，如图3–3–5，H为直线AB距基面的高度。

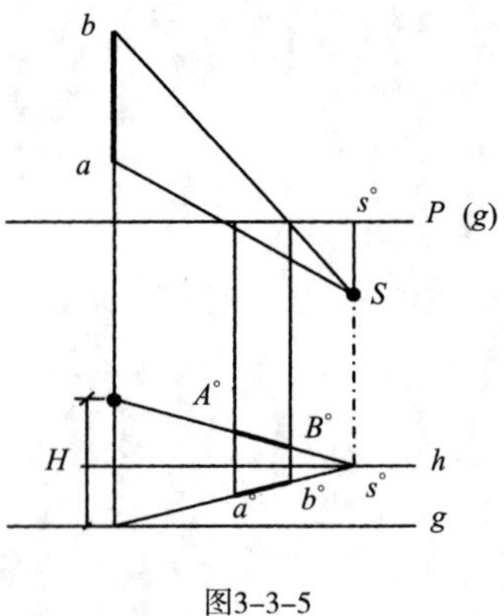

图3–3–5

(4)作基面垂直线透视，如图3–3–6，左图为直线AB位置投影，右图为透视作法。

(5)作画面平行线透视，如图3–3–7，画面平行线的透视反映该直线对基面的真实倾角，其基透视为一水平线。左图为直线AB位置投影，右图为透视作法。

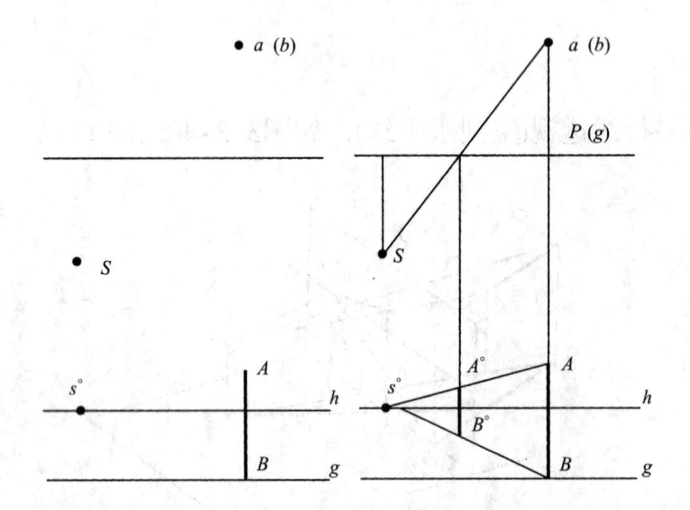

图3–3–6

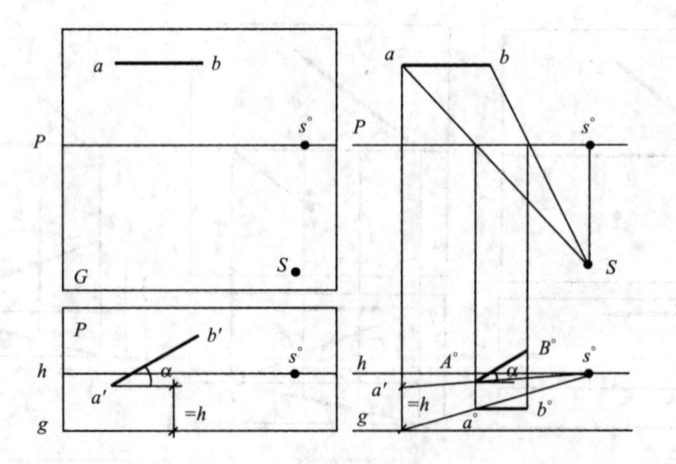

图3–3–7

(6)作一般位置的直线透视，如图3-3-8，可用分别求两端点的高度，或者求斜线的灭点来定。本图示为求两端点高度的作法。

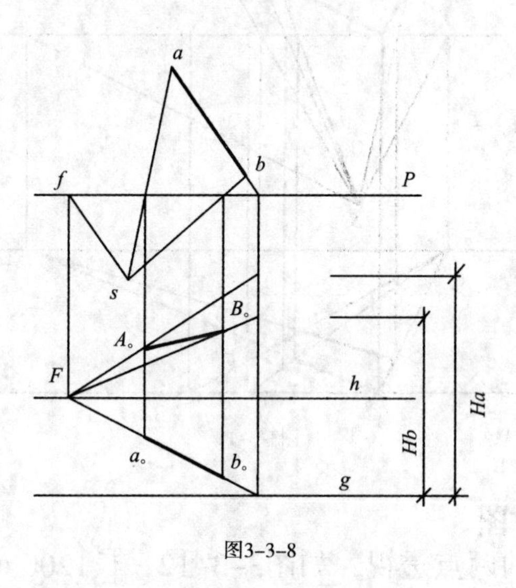

图3-3-8

3. 平面的透视作图

(1)求平面图两个方向灭点F_x、F_y；

(2)求直线的透视方向(连迹点、灭点)；

(3)确定直线的透视长度(视线法)；

(4)对角点可用两直线的透视方向相交而确定。

图3-3-9为一点透视，图3-3-10和图3-3-11为两点透视的作图方法。

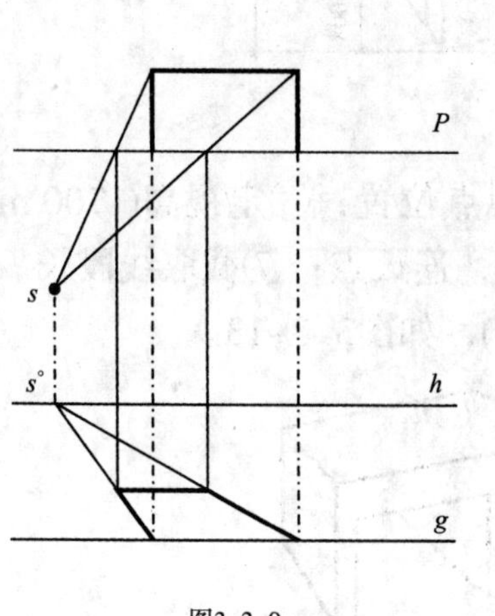

图3-3-9

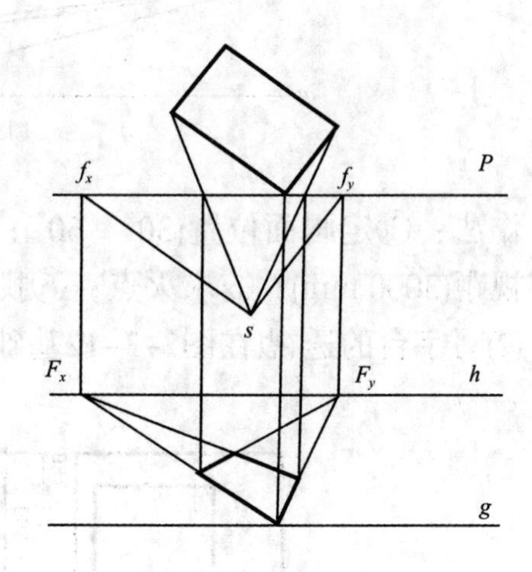

图3-3-10

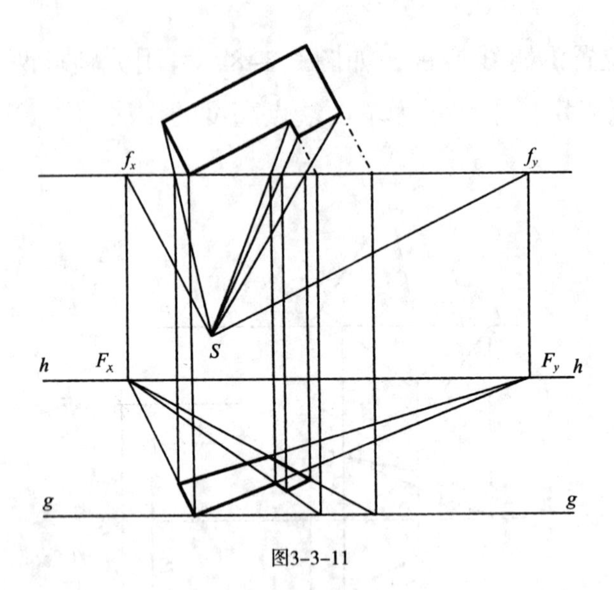

图3-3-11

4. 立体的透视作图

(1)求一长方体的两点透视，如图3-3-12，长1200 mm，宽600 mm，高800 mm。

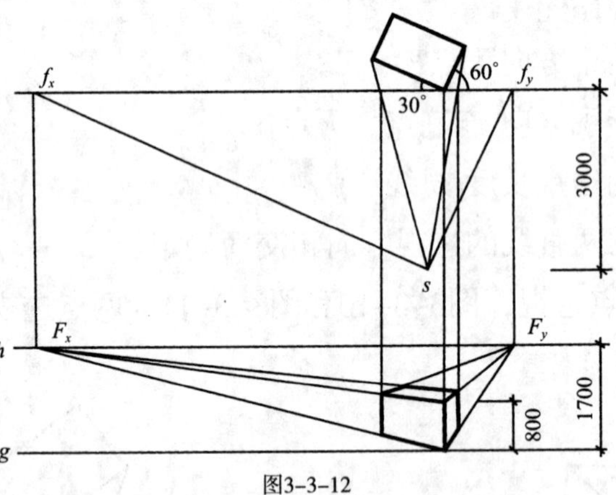

图3-3-12

作法：①定画面位置(30°、60°)；②定视点位置；③定视高(1700 mm)；④定视距(3000 mm)；⑤求灭点；⑥找真高线，连灭点；⑦截取线段长。

(2)写字台的透视(在图3-3-12基础上发展)，如图3-3-13。

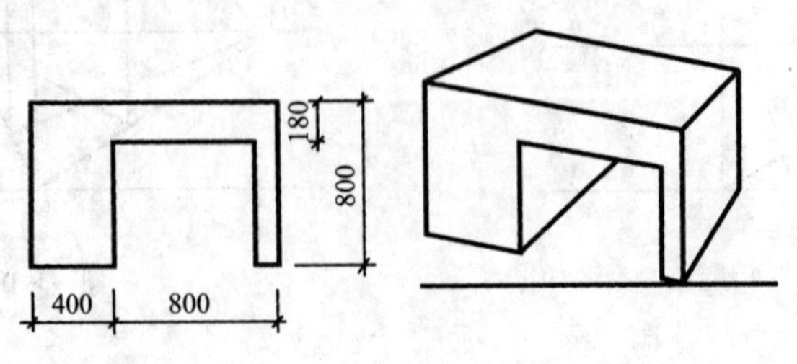

图3-3-13

(3)视点、物体、画面的位置影响透视效果

图3-3-14(a)为改变画面交角；(b)为改变视点位置；(c)为转画面与物体平行(贴在画面)成一点透视。物体与画面关系不同或视点位置不同，所求出的透视形状也不相同。

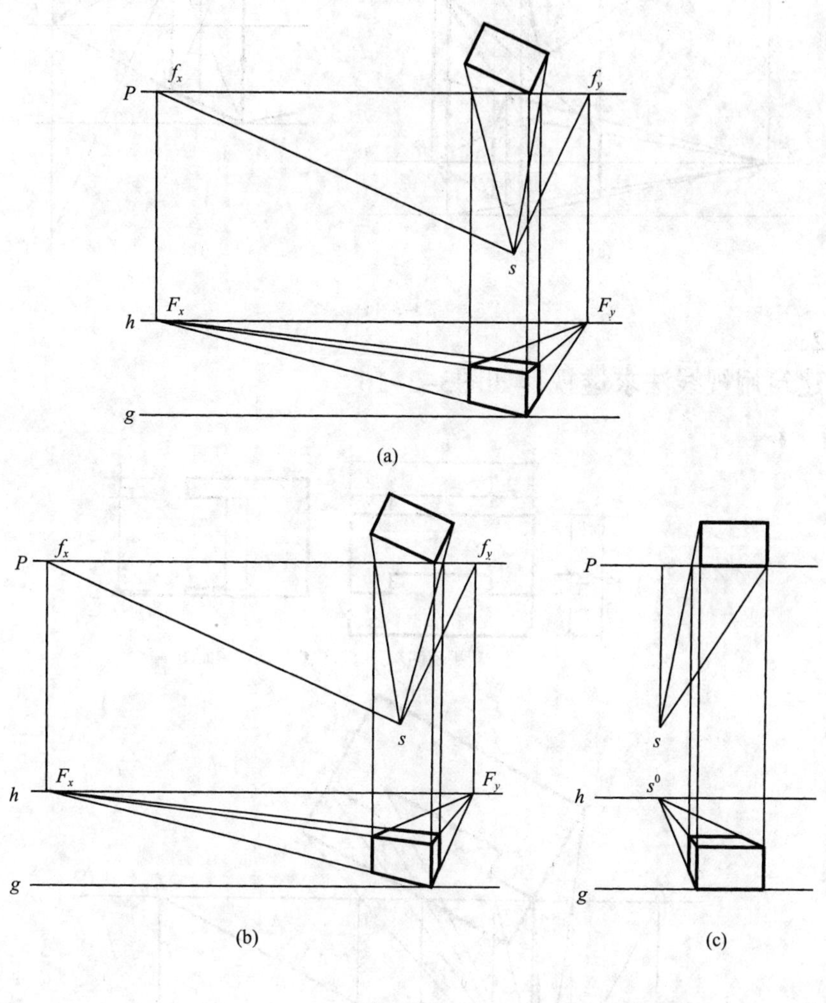

图3-3-14

(4)小建筑透视

例1：

坡顶小屋，如图3-3-15，先求平面透视。已知方体的高度为3 m，斜屋面高度为1 m，找出墙中线(或在平面中将线延长至画面求出)，平面中线连灭点F_x，交于g-g，再取真高线共4 m，左边山墙亦可中线作垂直相交得出。

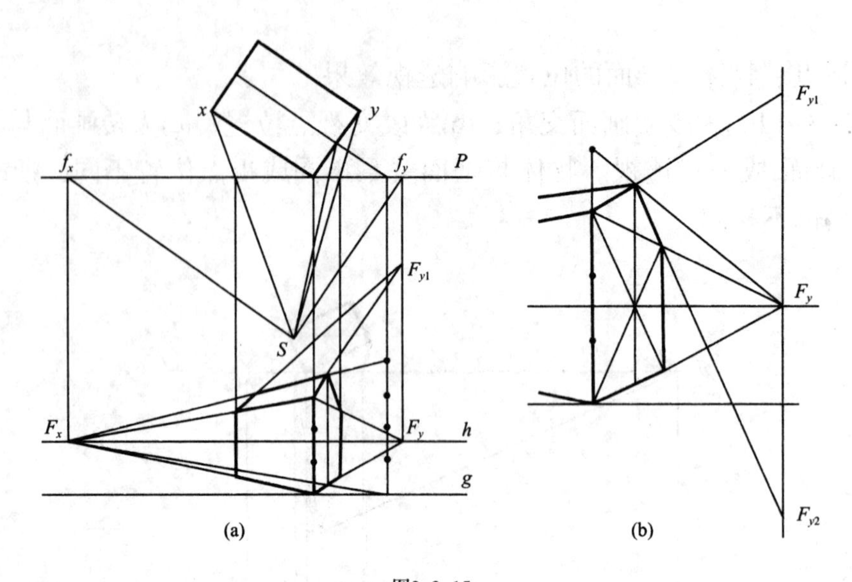

图3-3-15

例2:

小建筑用视线法求透视，如图3-3-16。

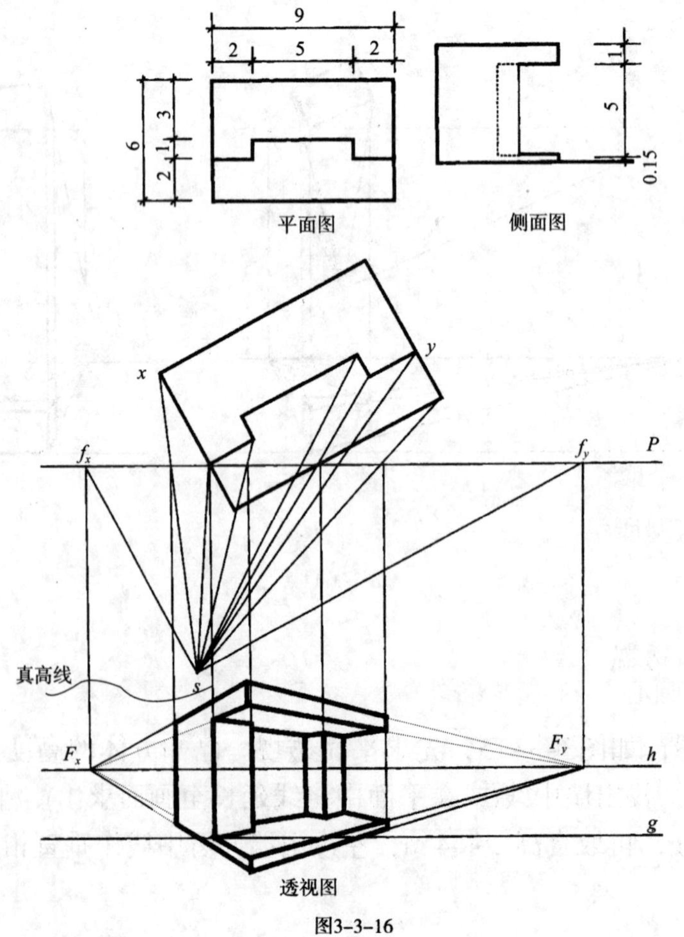

图3-3-16

二、量点法

量点法的概念：$FM=FS$，如图3–3–17。

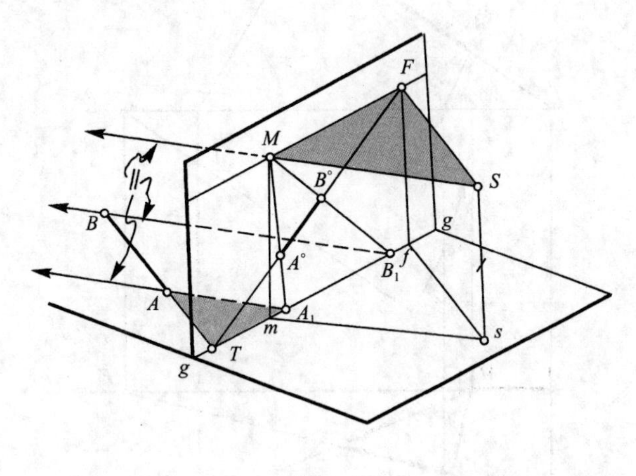

图3–3–17

①$A^\circ B^\circ$在TF上；②过A作辅助线AA_1(A_1在基线上)，使$TA_1=TA$，$\triangle ATA_1$为等腰三角形；③AA_1的透视，可过S作平行于AA_1的透视线交P面于点M，$SM /\!/ AA_1$；④A_1M是AA_1的透视方向，TF是TA的透视方向，它与A_1M交点就是A°。

$\triangle ATA_1$是等腰三角形，$\triangle A^\circ TA_1$是它的透视。TA°与TA_1作为两腰，TA°的长度等于TA_1的长度，而TA_1的长度等于TA的长度。

反证：为在TF上求A°，使A°与点T的距离实际等于TA，即在基线自T量一段长等于TA，得点A_1，连A_1和M与TF相交，交点A°为所求。

同理，B°可求得。

灭点M是量取TF方向上的透视长，量取辅助线的灭点M是量点，可以用它直接在平面图所给的尺寸求透视——量点法。

量点的求法：

①$\triangle SFM$和$\triangle ATA_1$是相似三角形且等腰，$FM=FS$；

②以F为圆心、FS为半径作弧与视平线相交便是M，如图3–3–18所示。从站点s作AB平行线交g-g得点f，f上投至h-h得F；以f为圆心、fs为半径作弧交g-g于m，作垂直线交h-h于M，即所求；或者在h-h上直接量取$FM=fs$，求出M。

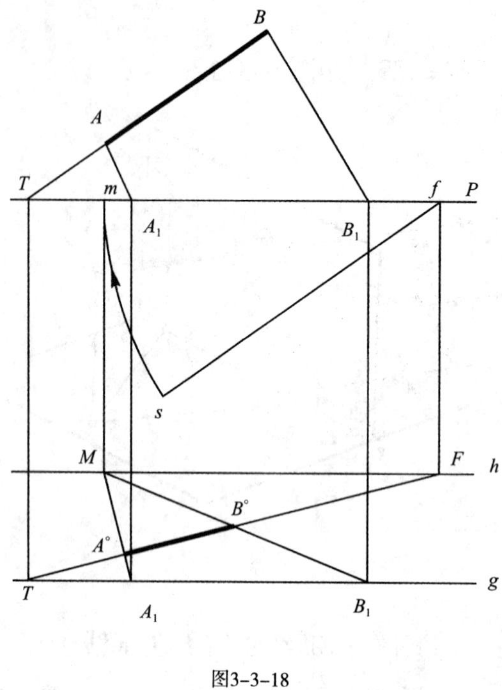

图3-3-18

例1:

$x=2$、$y=5$的平面(基面投影)，用量点法求作其平面透视，如图3-3-19。

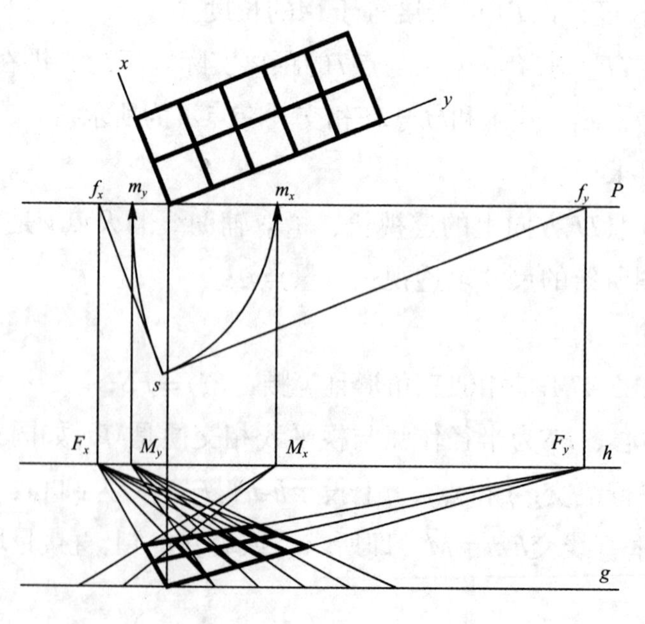

图3-3-19

例2：

如图3-3-20：定画面线；定站点的位置；求灭点；定量点，定地面线和h-h；在g-g定交点；按交点往两边取实长；截取线段；连灭点，求出平面后，取高度画出透视。

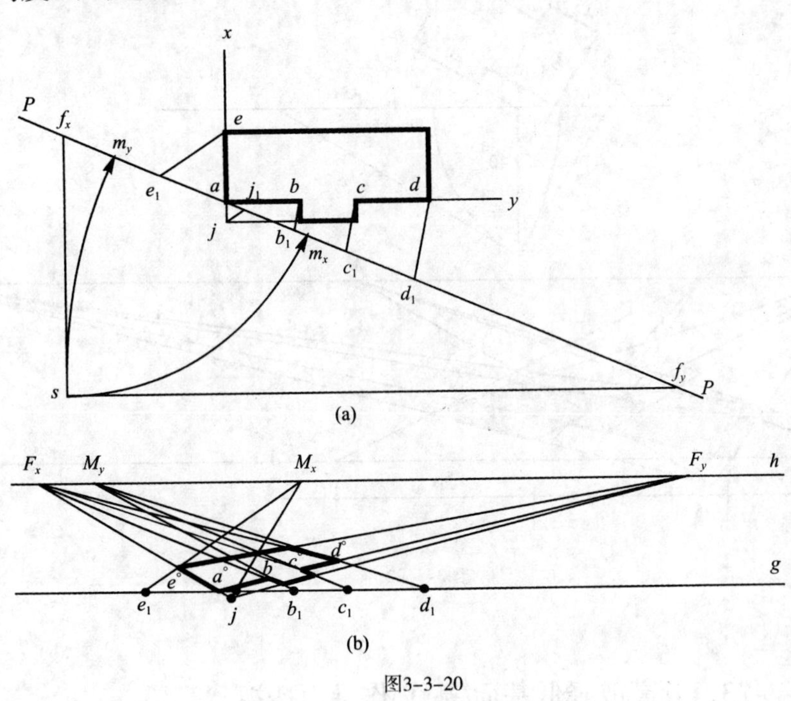

图3-3-20

例3：

如图3-3-21，放大一倍和降低基线作平面透视的图示方法。

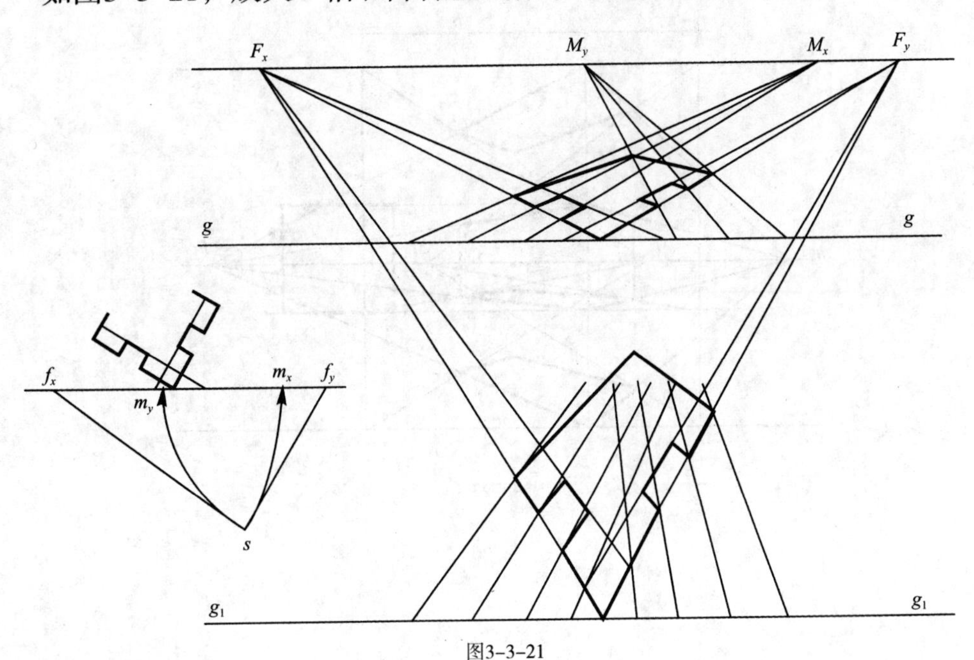

图3-3-21

例4：

如图3-3-22，用量点法放大作平面透视。

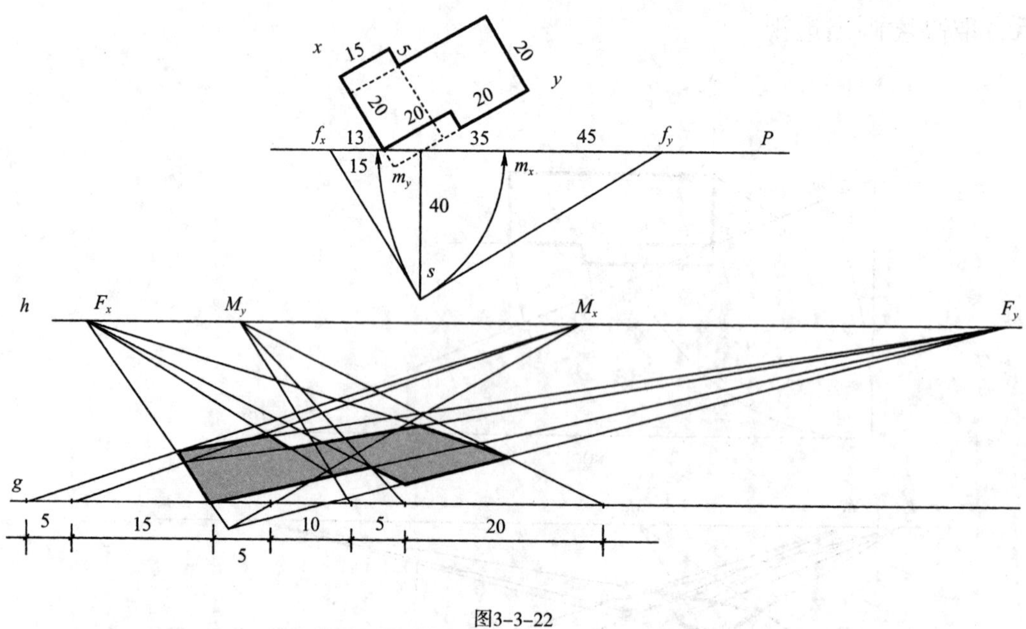

图3-3-22

例5：

如图3-3-23，升高或降低基面(基线)作平面透视。

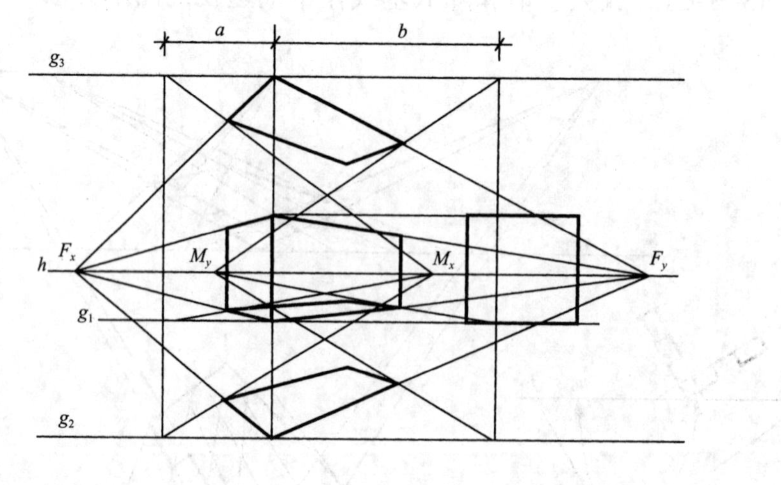

图3-3-23

例6：

如图3–3–24，用量点法作平面透视的两种作法。

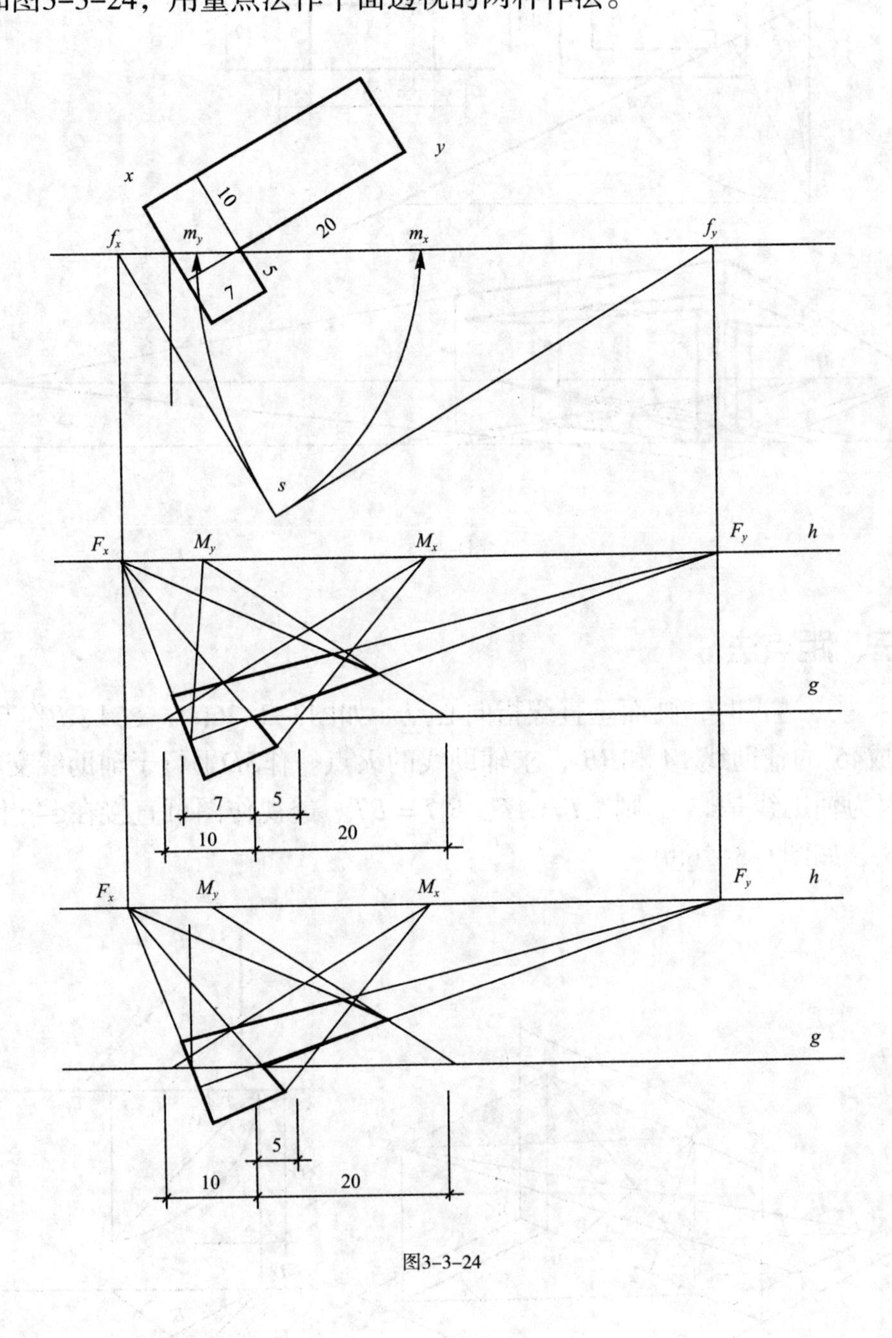

图3–3–24

例7：

如图3–3–25，用量点法求图示的透视(平面图可以水平画出，画面按要求的角度斜画)。

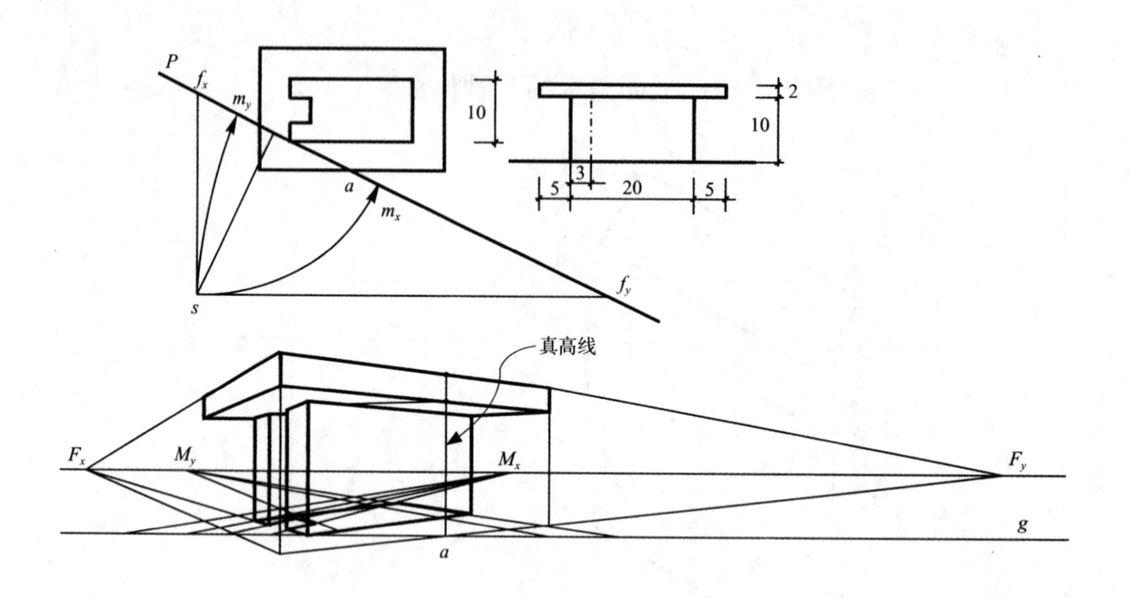

图3-3-25

三、距点法

求一点透视时，画面垂直线指向心点。如图3-3-26(a)，过A、B作与基线(g-g)成45°的辅助线AA_1和BB_1，求辅助线的灭点。作SD平行于辅助线交h-h于D，因为辅助线是45°，则$A_1T=AT$，$B_1T=BT$。透视作图可直接在g-g上量得A_1和B_1，如图3-3-26(b)。

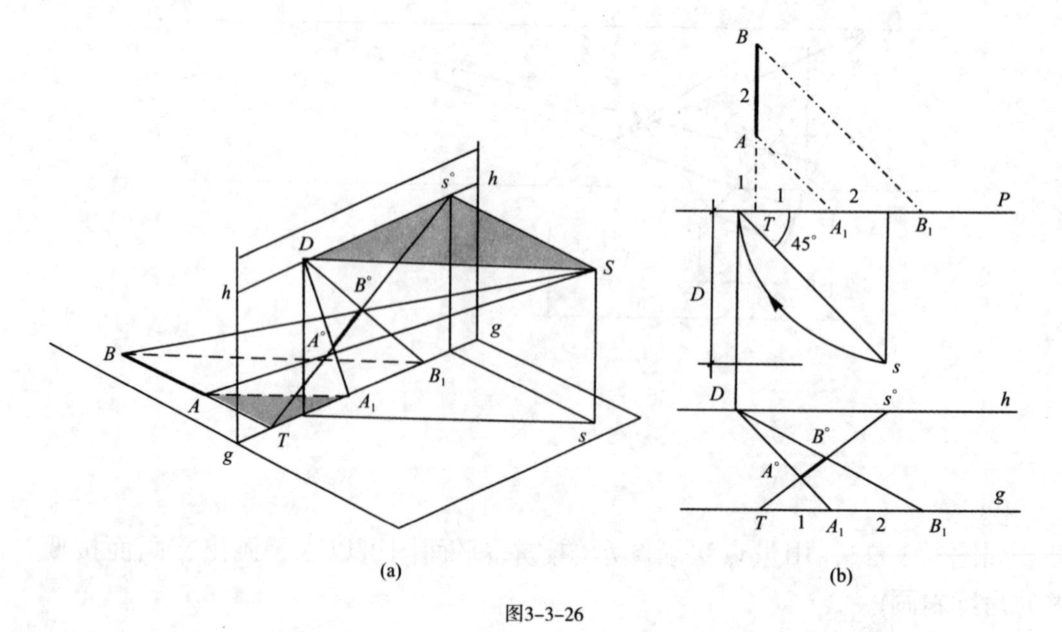

图3-3-26

例1：

如图3–3–27。

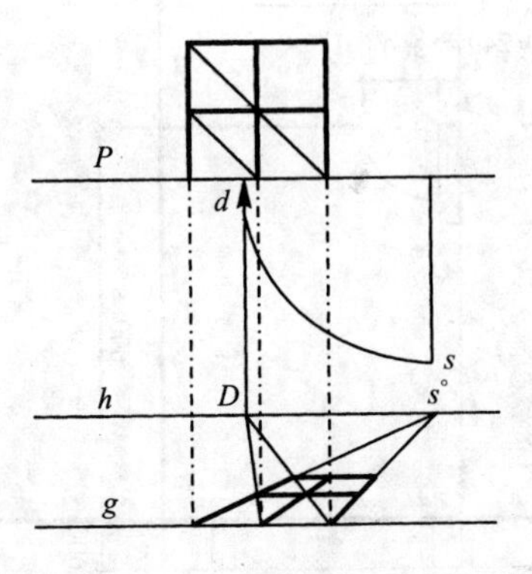

图3–3–27

例2：

如图3–3–28。

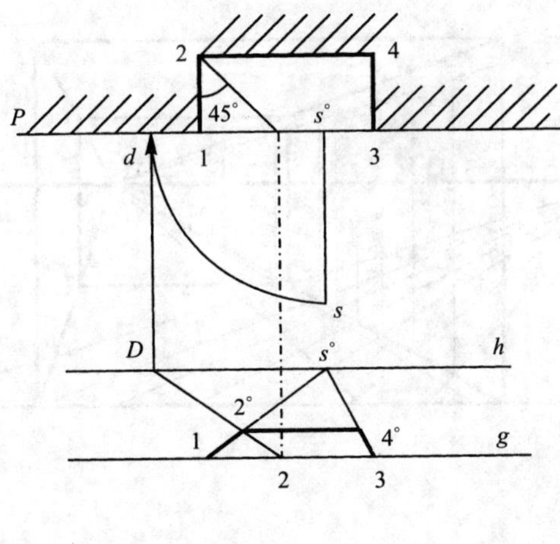

图3–3–28

例3：

如图3–3–29(a)，已知房间尺寸3600 mm × 5400 mm，有门有窗，房高2800 mm，窗台900 mm，窗过梁200 mm，视矩4000 mm，视高1700 mm。用距点法求一点透视。

作法：如图3–3–29(b)，①在*h*–*h*上定*D*、s°(1 ∶ 50)；②相应定*AB*长度；③连接s°；④自A°起把垂直墙面的尺寸量于*g*–*g*上；⑤连点*D*取长度，投上求得；⑥求门。

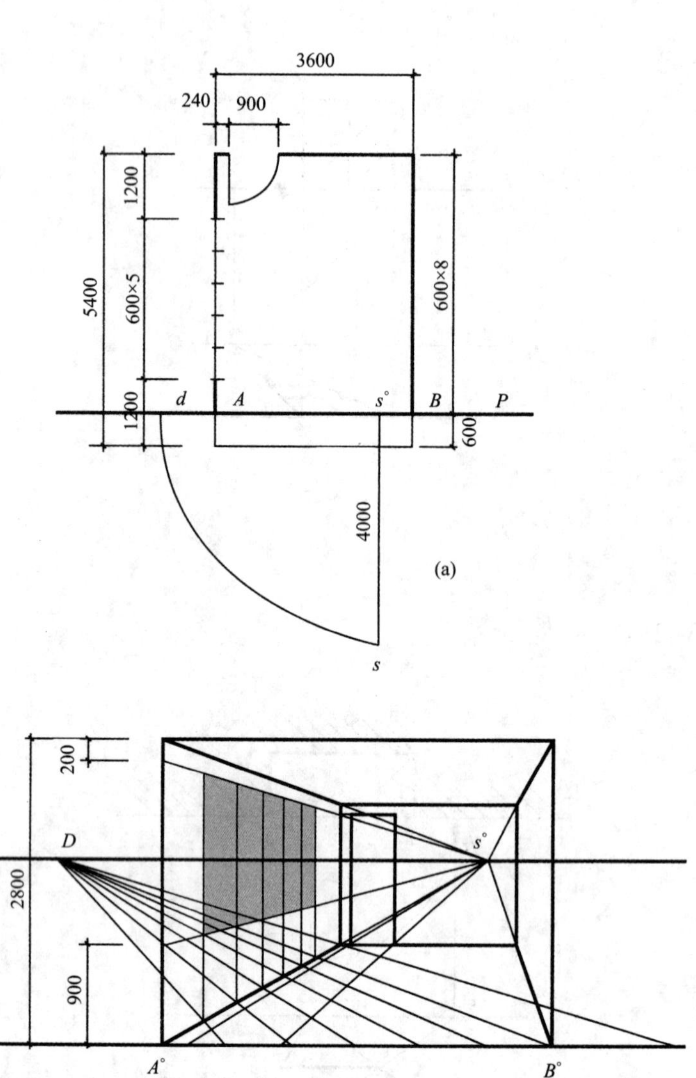

(b)

图3-3-29

例4：

用距点法作建筑形体透视，如图3-3-30。

作法：①确定视点，视中心两侧设距点D_1、D_2；②重合画面线透视与本身相同；③作出画面垂直线透视方向；④在升高基线g_1–g_1上，截出画面垂直线的透视长度(在g–g上截取，连D_1或D_2时交点不明显)；⑤作出画面平行线的透视。

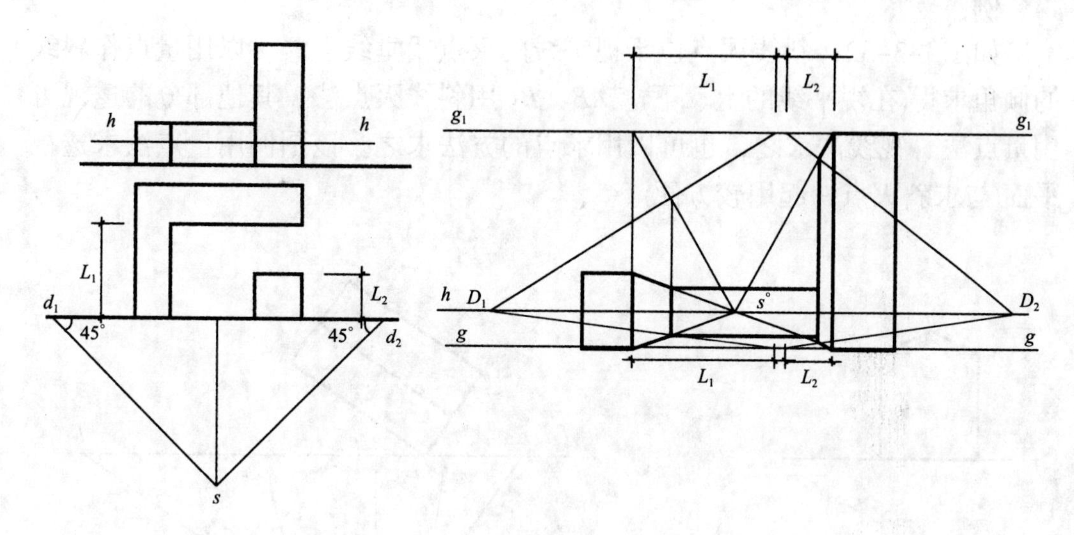

图3-3-30

四、斜线的灭点

如图3-3-31，求AB、CD的透视。

作法：①作$SF_1 /\!/ AB$，交画面F_1；②夹角相等为α，F_1SF_x为铅垂面，F_1F_x是铅垂线；③F_1SF_x旋转与F_1M_x F_x重合；④作图可直接在M_x作α角线交灭点F_x的铅垂线上F_1；⑤AB为上行直线，CD为下行直线，求法同上。

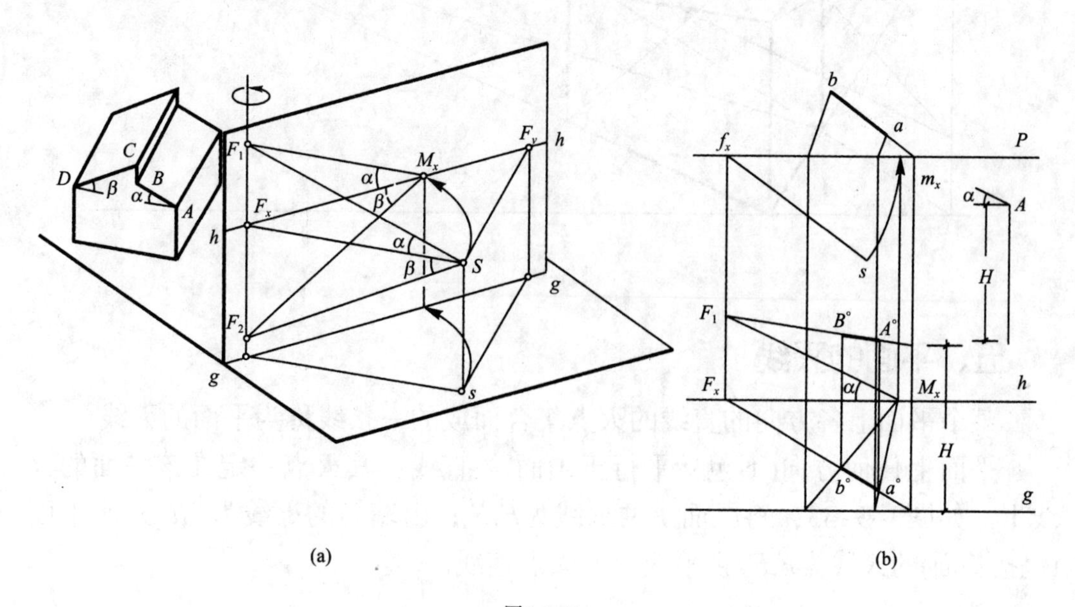

图3-3-31

例：

如图3–3–32，斜线灭点位于视平线的灭点铅垂线上，可以用量点作斜线的倾角求得(在视平线的上、下)。AB、BC用斜线灭点法，其他部分的透视可用量点法、视线法求之，也可以用求点的方法求之。该图例用量点法求透视平面(与求斜灭点一起用较方便)。

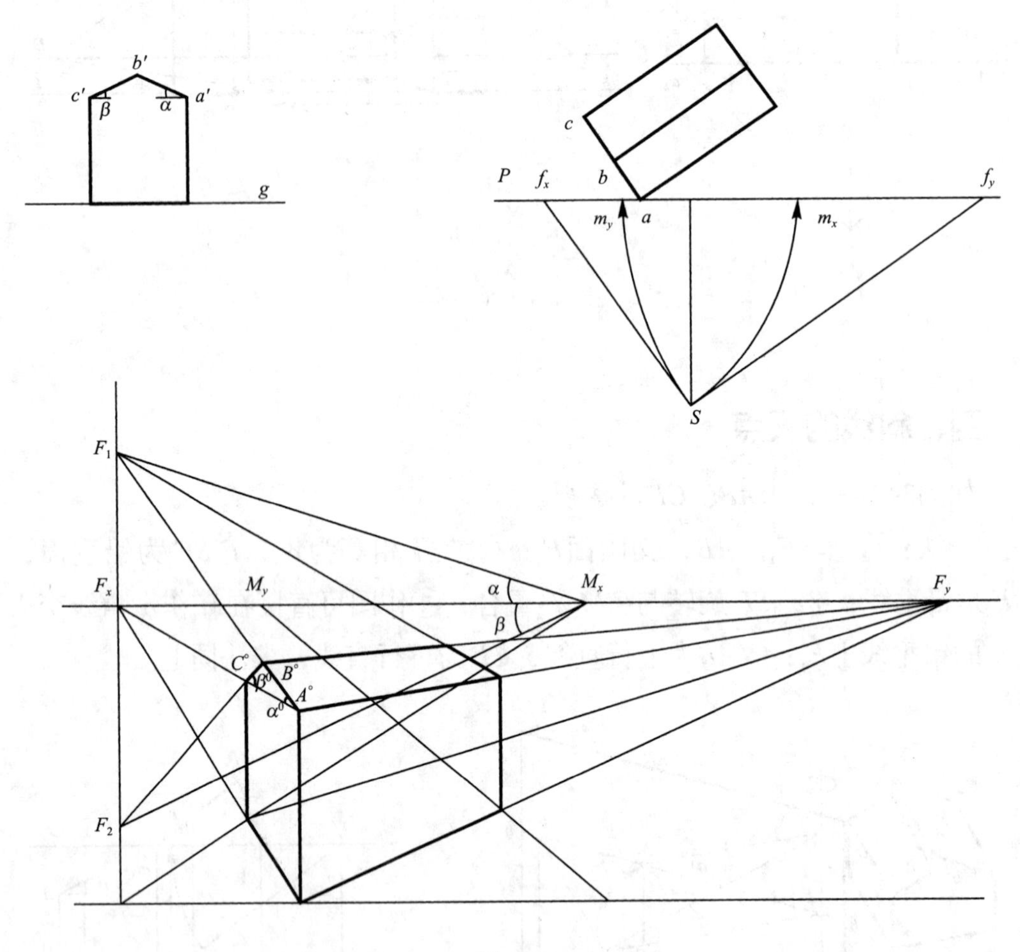

图3–3–32

五、平面的灭线

某个平面上各方向的直线的灭点集合而成的一条线称为平面的灭线。

平面上任何方向(不包括平行于画面)的直线，其灭点一定在该平面的灭线上。如图3–3–33，斜屋面Ⅰ的灭线为F_1F_y；山墙Ⅱ的灭线为F_1F_2；水平面(包括基面)的灭线为F_xF_y(视平线上两灭点连线)。

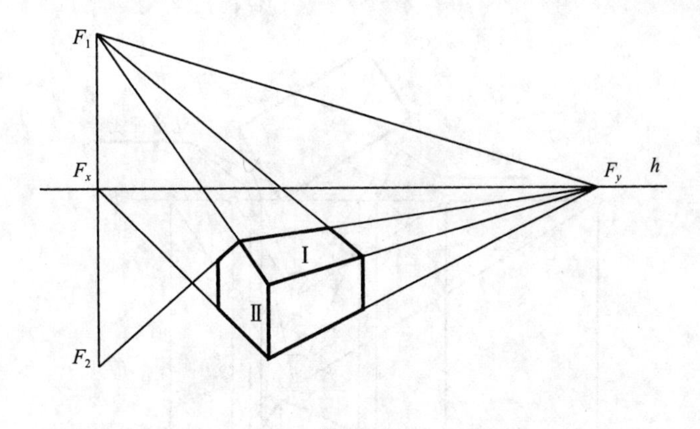

图3-3-33

六、视点、画面和建筑物间相对位置的处理

为获得良好的透视图，要考虑以下几个问题：

1. 人眼的视觉范围

人眼所看物体有一定范围，此范围是以人眼(即视点)为顶点，以中心视线为轴线的锥面，称为视锥。如图3-3-34，视锥的顶角称为视角。视锥面与画面交得视域。人眼的视域接近于椭圆形，水平视角α可达120°～148°；垂直视角β可达110°，但清晰处只是其中小部分，通常控制在60°以内，30°~40°为佳。室内透视可设在60°左右，不超90°。但要避免透视图畸形失真。

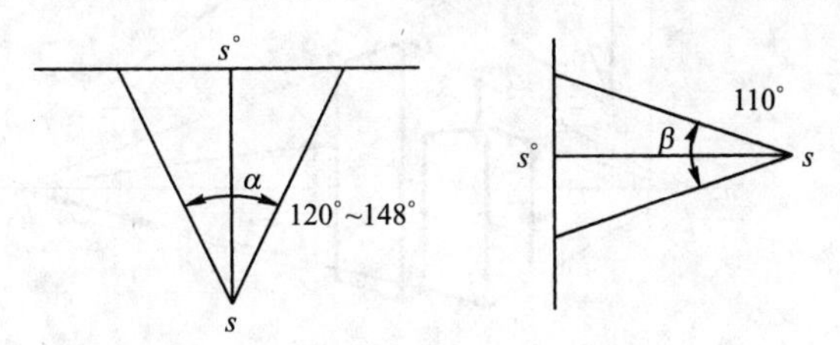

图3-3-34

2. 视点选择

包括平面站点位置和画面的距离，及视平线高度。

(1)确定站点

①保证视角大小适宜，如图3-3-35(a)，所示为视角大小(远近)对图形的影响。

②透视图充分体现体形，如图3-3-35(b)。

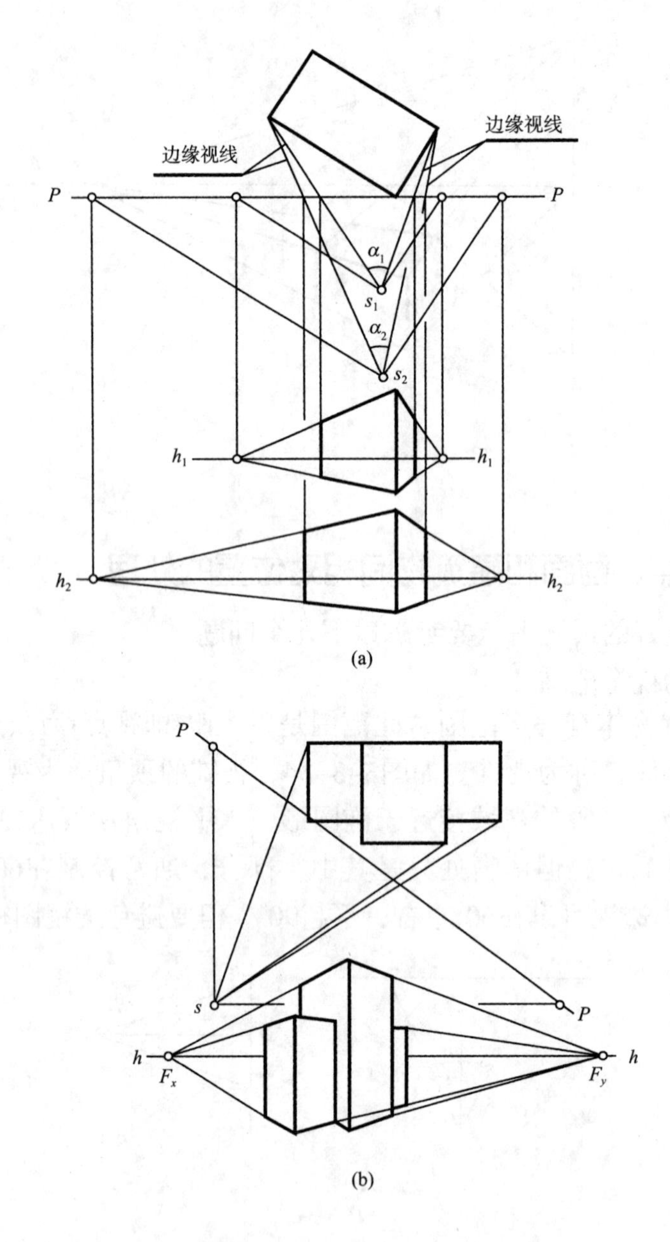

图3-3-35

(2)确定视高

一般人的视高为1.5 ~ 1.8 m，特殊效果另计。

3. 画面与建筑相对位置

当建筑物两边长相近时应避免45°，这样求得的透视特别呆板。图3-3-36所示画面为对建筑平面的偏角，偏角不同，立面透视效果不同。视点和建筑位置确定后，画面前后平移，透视相似，大小不同。该图中的画面位置设有P_1和P_2，请大家自画其透视，加深体会。

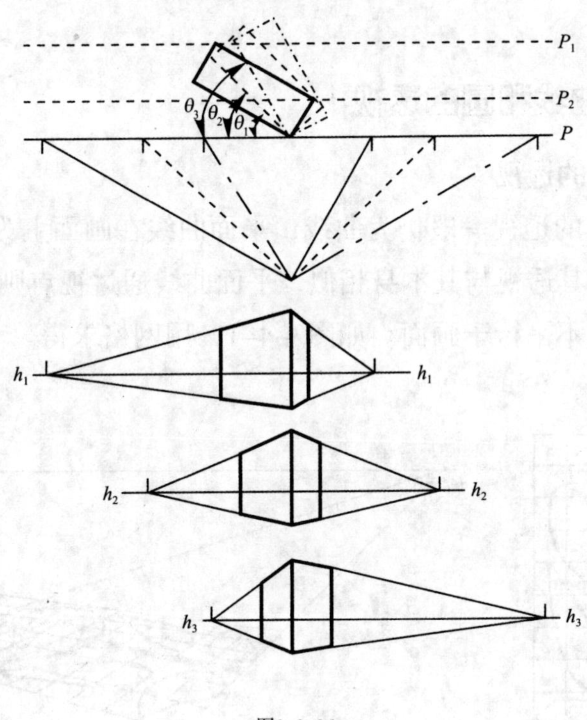

图3–3–36

4. 确定视点、画面步骤

(1)先视点，后画面，如图3–3–37(a)；

(2)先画面，后视点，如图3–3–37(b)。

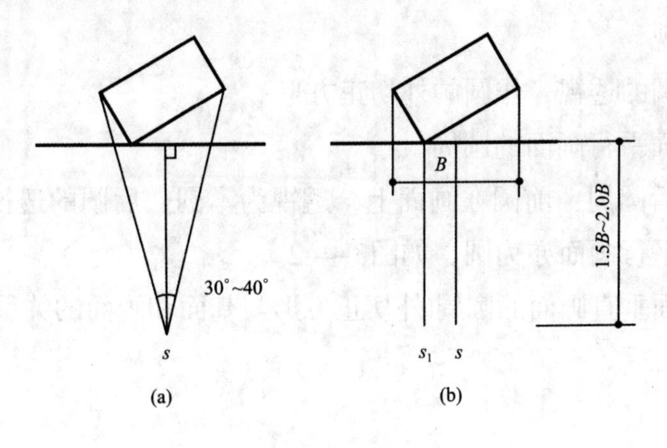

图3–3–37

第四节 曲线和曲面的透视

一、平面曲线和圆的透视

1. 平面曲线的透视

(1)平面曲线的透视一般仍为曲线，平面曲线在画面上为其本身，平面曲线平行于画面，其透视与其本身相似，平面曲线通过视点则为一段直线。

(2)平面曲线不平行于画面。如图3–4–1，用网格求得。

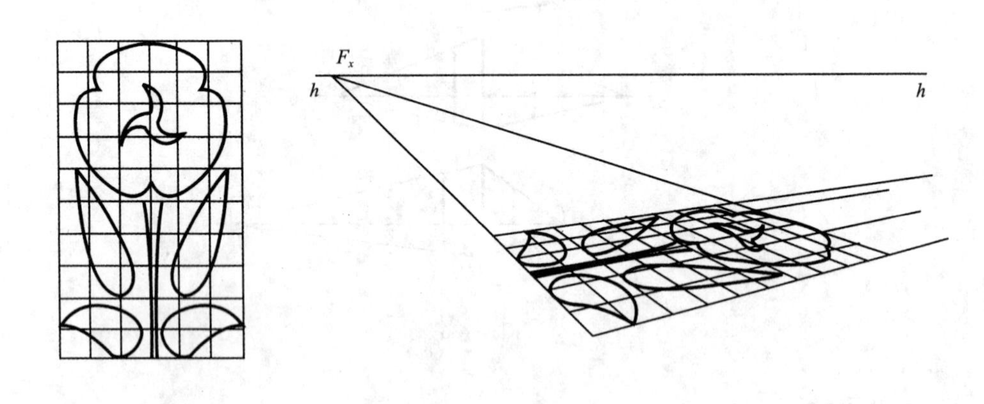

图3–4–1

2. 圆的透视

用八点求圆的透视，作圆的外切正方形：

(1)垂直基面平行画面的圆周

圆柱的前后圆周：前圆在画面上，透视为本圆。后圆的透视求出圆心和半径，后圆为平行画面亦为圆，如图3–4–2。

(2)平行基面垂直画面的圆周(外切正方形与基面和画面的关系)，如图3–4–3、图3–4–4。

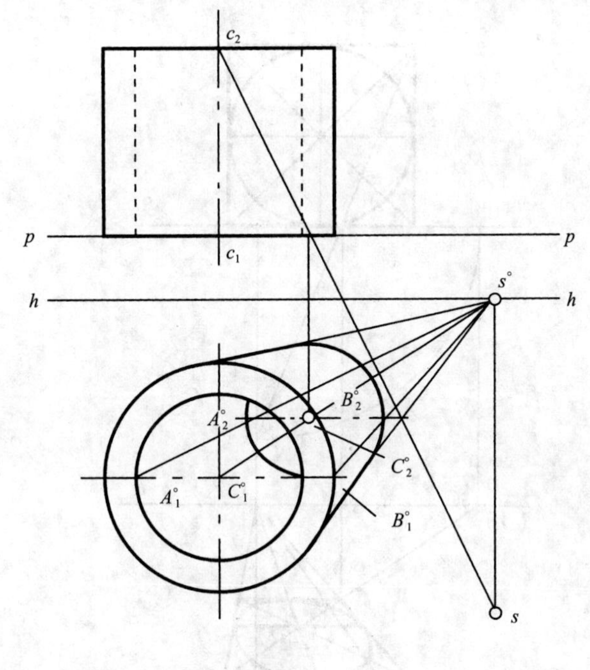
c_2
p
p
c_1
h
h
s°
B_2°
A_2°
C_2°
A_1°
C_1°
B_1°
s

图3-4-2

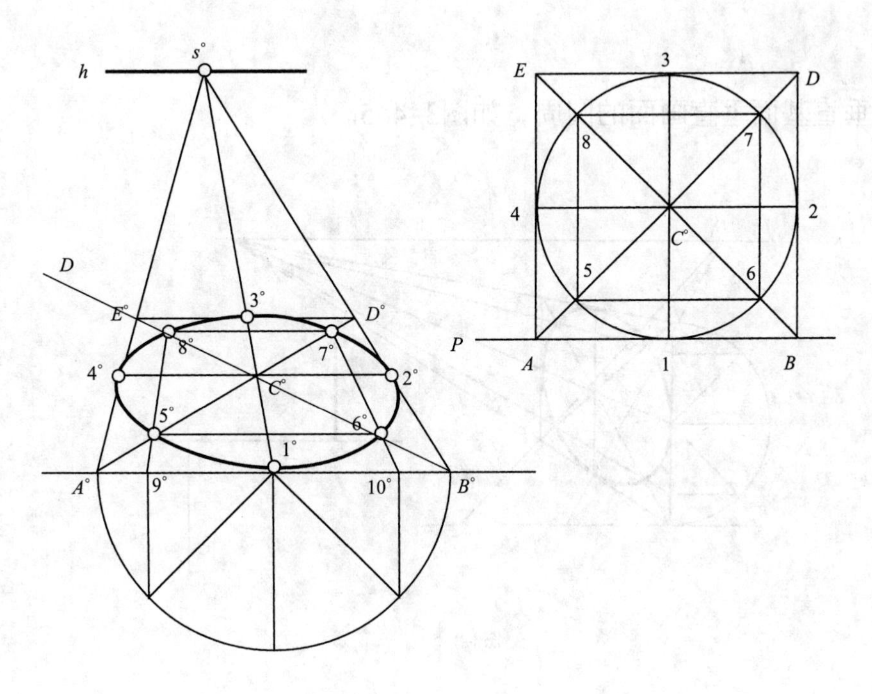
h
s°
D
E°
3°
D°
8°
7°
4°
2°
C°
5°
6°
1°
A°
9°
10°
B°
E
3
D
8
7
4
2
C°
5
6
P
A
1
B

图3-4-3

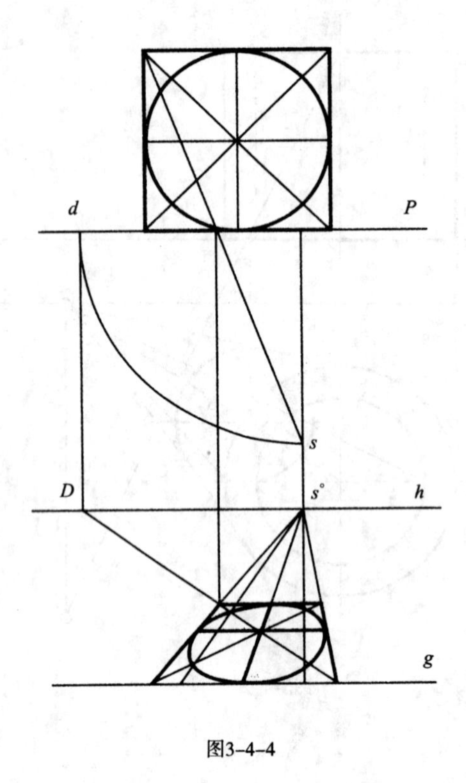

图3-4-4

(3)垂直基面垂直画面的圆周，如图3-4-5。

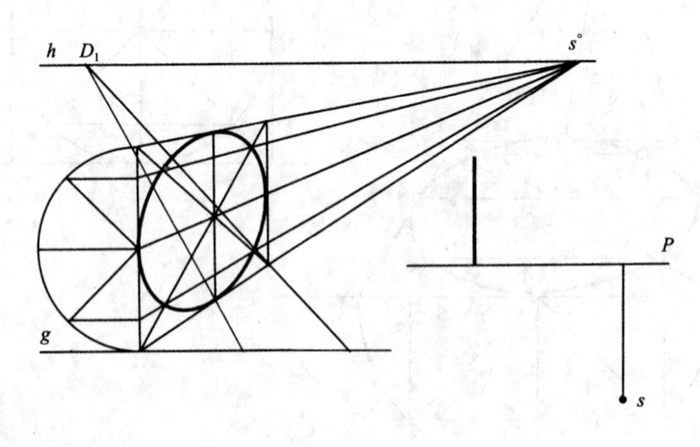

图3-4-5

(4)垂直基面不平行画面的圆周，如图3-4-6。

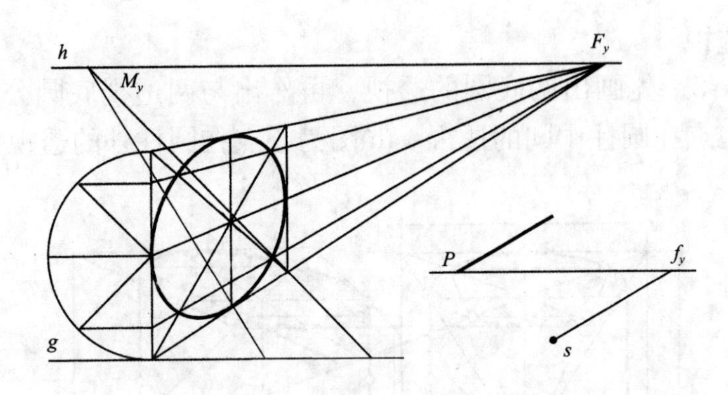

图3-4-6

(5)平行基面不垂直画面的圆周，如图3-4-7。

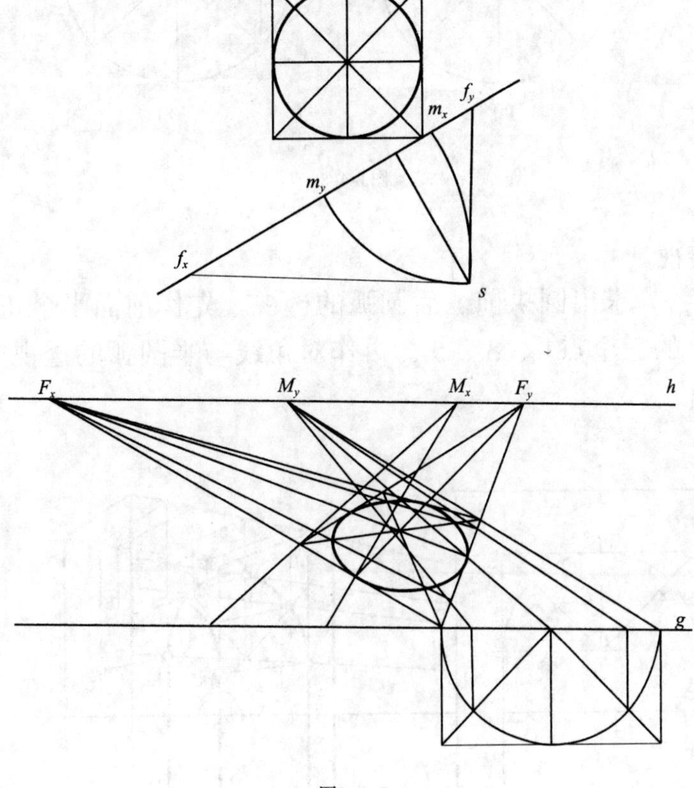

图3-4-7

二、圆柱和拱券的透视

1. 圆柱透视

如图3-4-8，先画出两底圆的透视，再作出与两透视底圆公切的轮廓素线。(a)图为心点在圆柱中间的透视。(b)图为心点在圆柱外的透视。

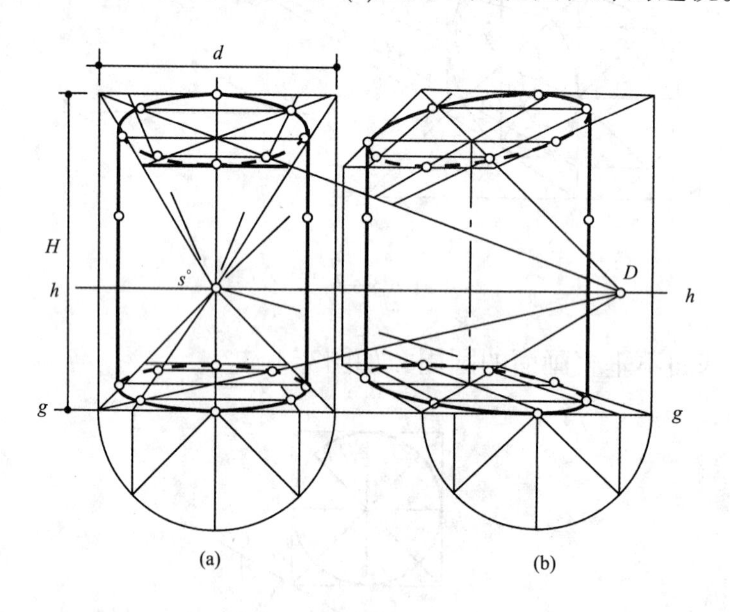

图3-4-8

2. 拱券透视

如图3-4-9，求出圆拱前、后圆弧的透视。先作前面半个正方形透视，得透视圆弧上的三个点1°、3°、5°，再作对角线与半圆弧的透视交点2°、4°，连五个点求出。

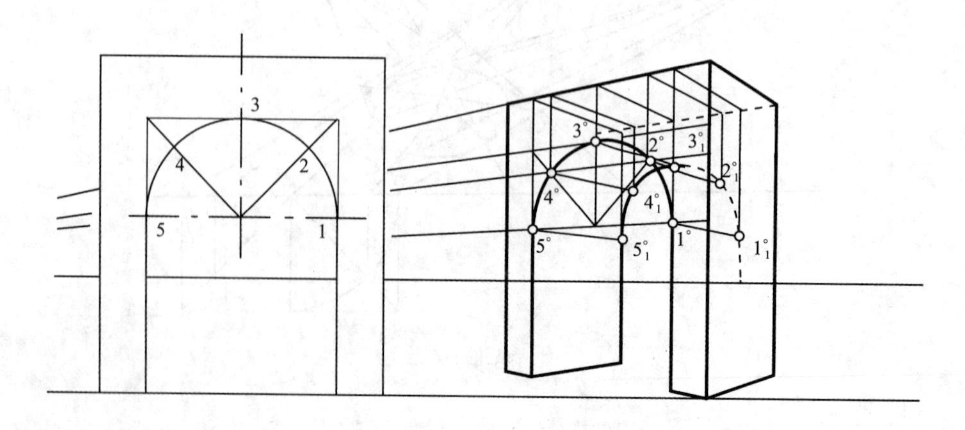

图3-4-9

后半圆求法：可用前法求出，也可以过前半圆的点以透视规律相应求出后半圆的对应点连线。

图3-4-10为放大两倍画的透视，图3-4-11为十字拱的透视。

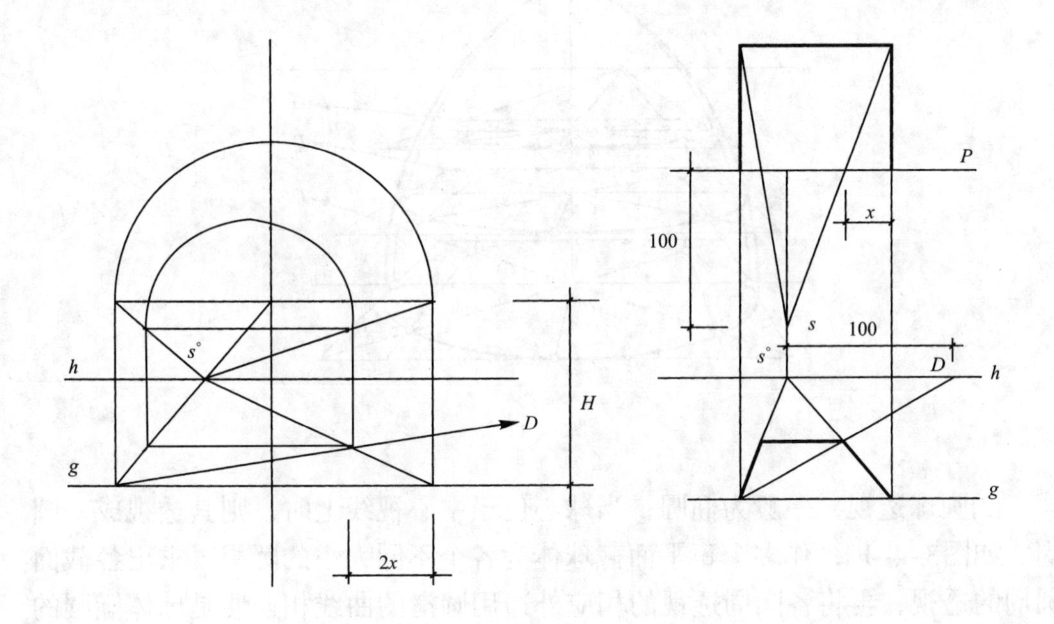

图3-4-10

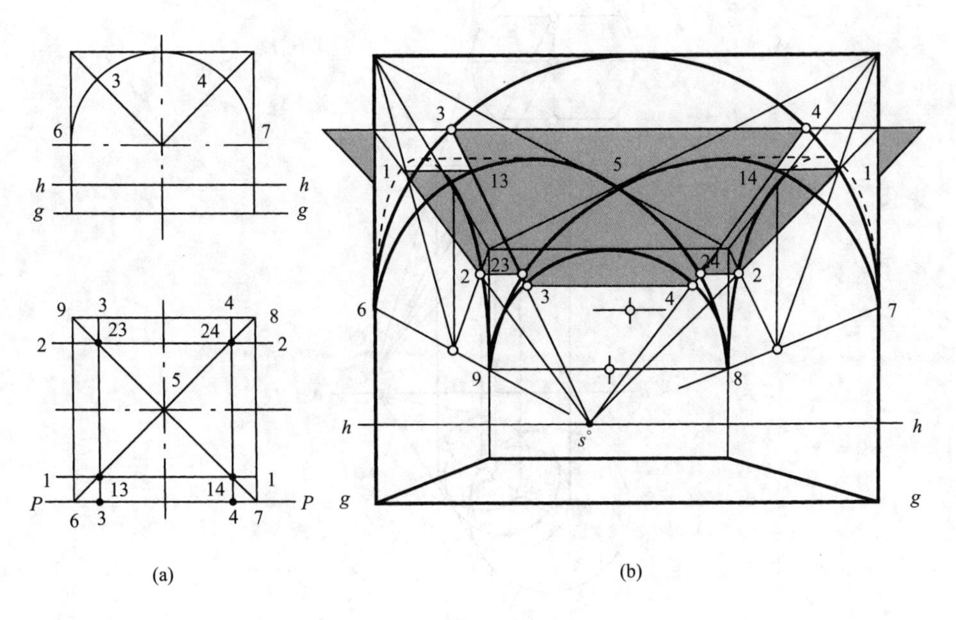

图3-4-11

三、回转体的透视

(1)曲线回转体，如图3-4-12。

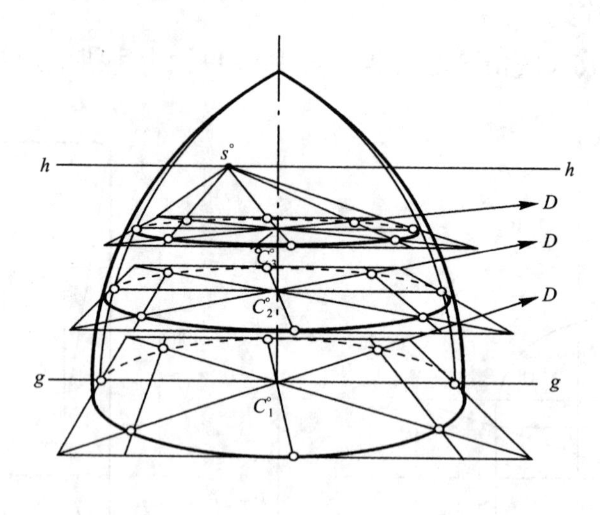

图3-4-12

(2)圆球透视，一般为椭圆；当球心位于中心视线上时，则其透视成一圆周。如图3-4-13，作多个正平面截球体为各个不同大小的圆周；求出各截面圆周的透视，再将各圆周透视的相应外边用圆滑的曲线相连便是球体椭圆的透视。

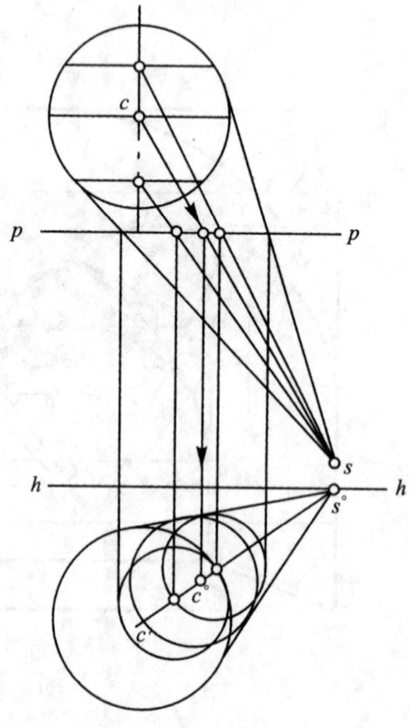

图3-4-13

四、螺旋线和螺旋面的透视

方法为求出平面的透视和侧面的透视，投交出螺旋线(面)的透视。

(1)螺旋线的透视，如图3-4-14。

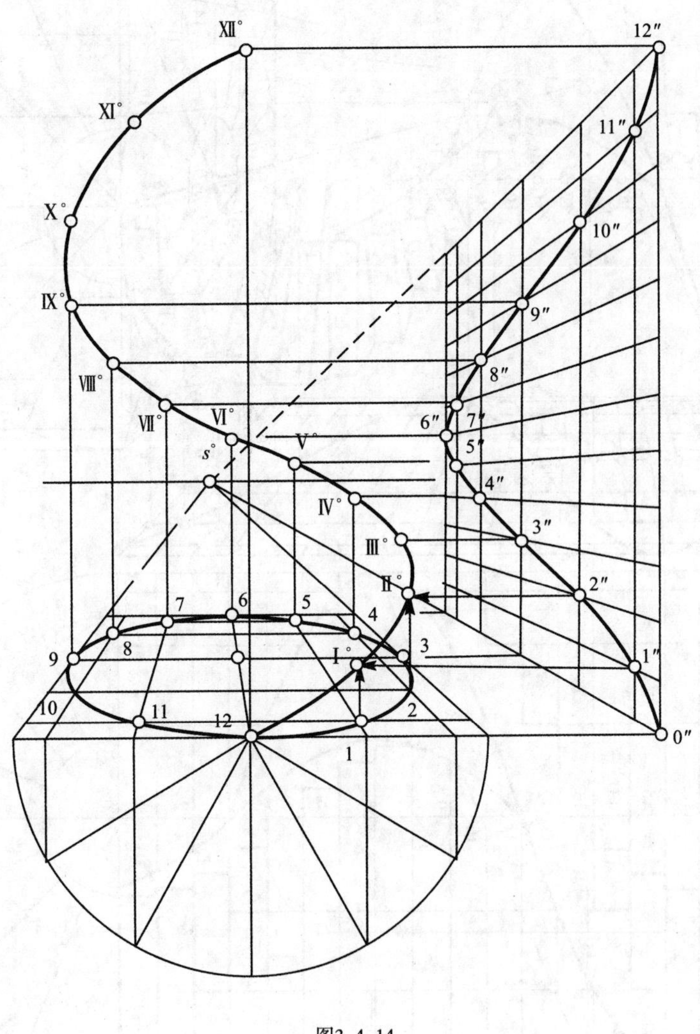

图3-4-14

(2)螺旋楼梯的透视，如图3-4-15。

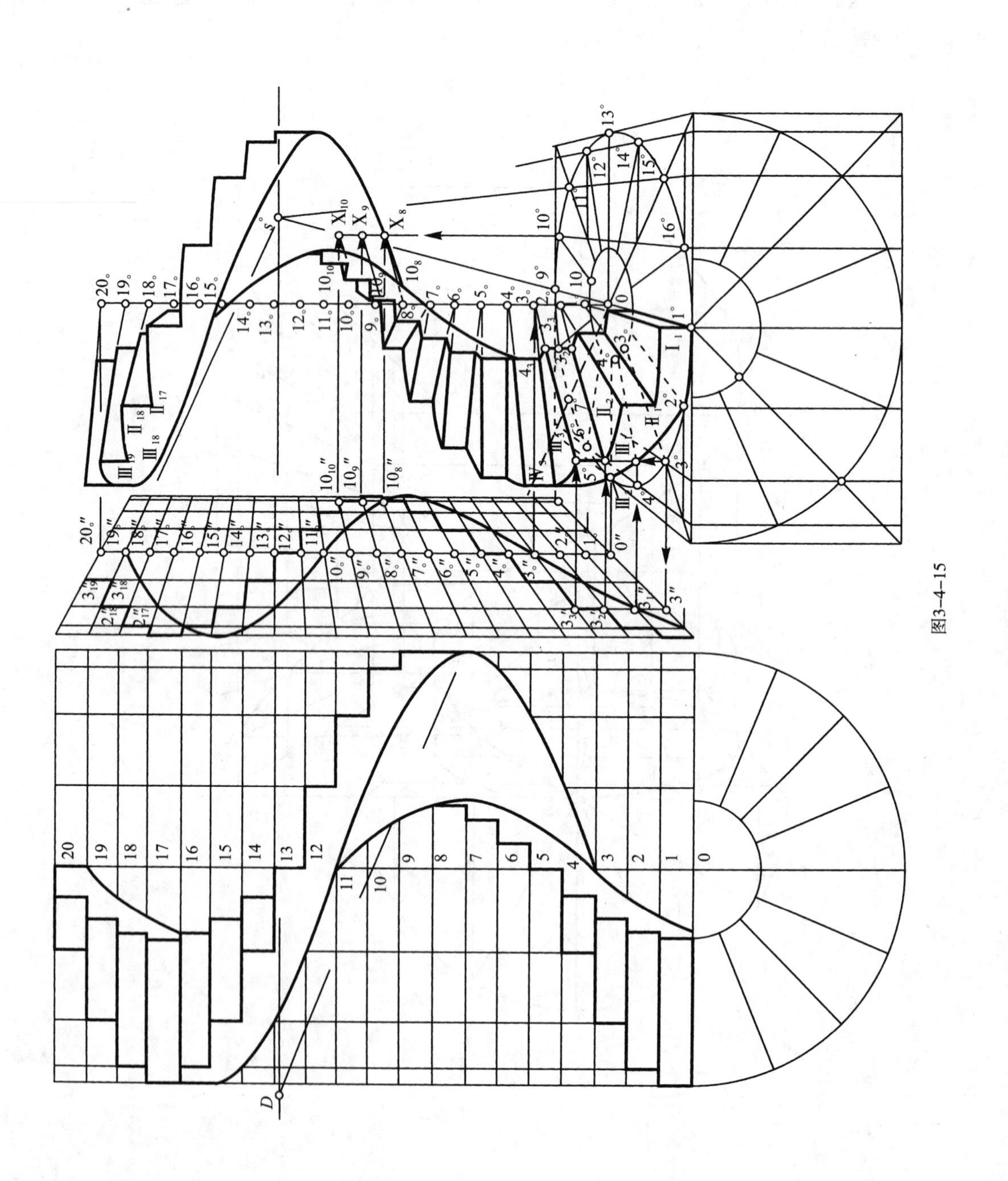

图3-4-15

第五节　透视图的辅助画法

一、辅助灭点法

(1)如图3–5–1(a)，作画面垂直线ae，ae辅助线的透视方向(迹点连心点)即$e^\circ s^\circ$、$E^\circ s^\circ$，再用视线法找出A°、a°的透视，连$a^\circ b^\circ$，$A^\circ B^\circ$即为所求。

(2)如图3–5–1(b)，辅助线为ad的延长线交k，F_x在图板外，用点k(迹点)，ak和bc平行，同用一灭点F_y，真高线用$k^\circ K^\circ$，即$b^\circ B^\circ = k^\circ K^\circ$；用视线法截出$A^\circ$、$a^\circ$的位置，连$B^\circ A^\circ$，$b^\circ a^\circ$即为所求。

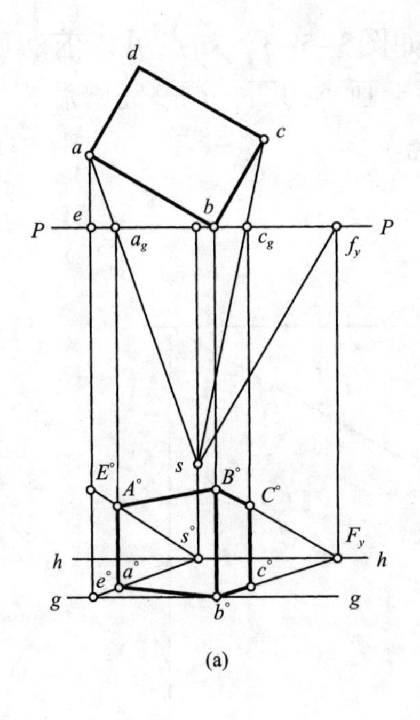

(a)

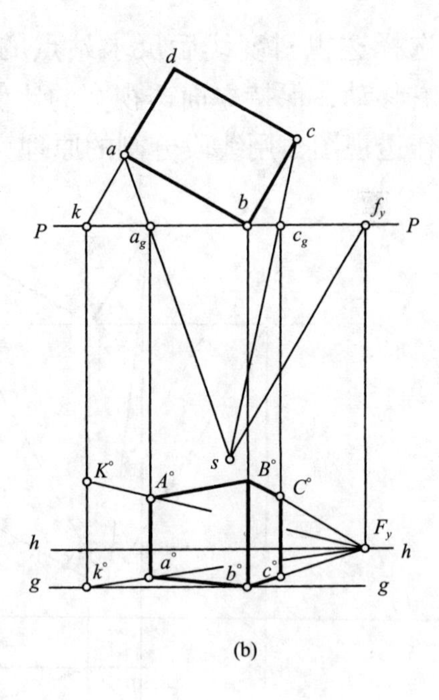

(b)

图3–5–1

(3)如图3–5–2，以心点s°为辅助灭点作两点透视，利用求点法，由点a、b作垂直p-p线交于k和e，ak、be为画面垂直线，其灭点为心点。

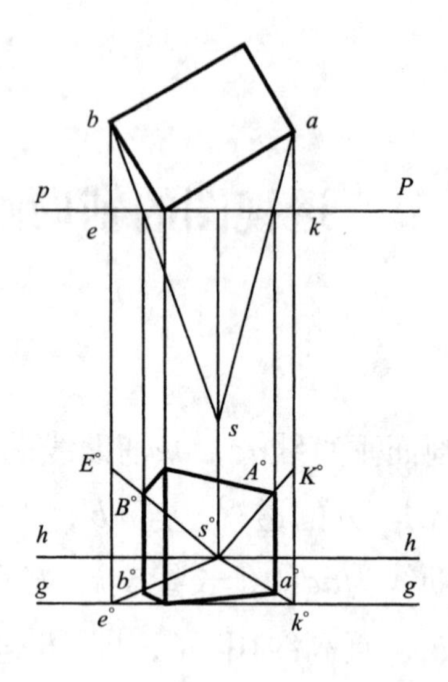

图3-5-2

二、透视斜度反求法

选择透视斜度线后反求站点的方法，如图3-5-3，站点可以前、后、左、右移动，保持立面透视宽的比例。它适于画小构图，调整完善后，可以放大作透视图，用线段分割的原理完成细部。

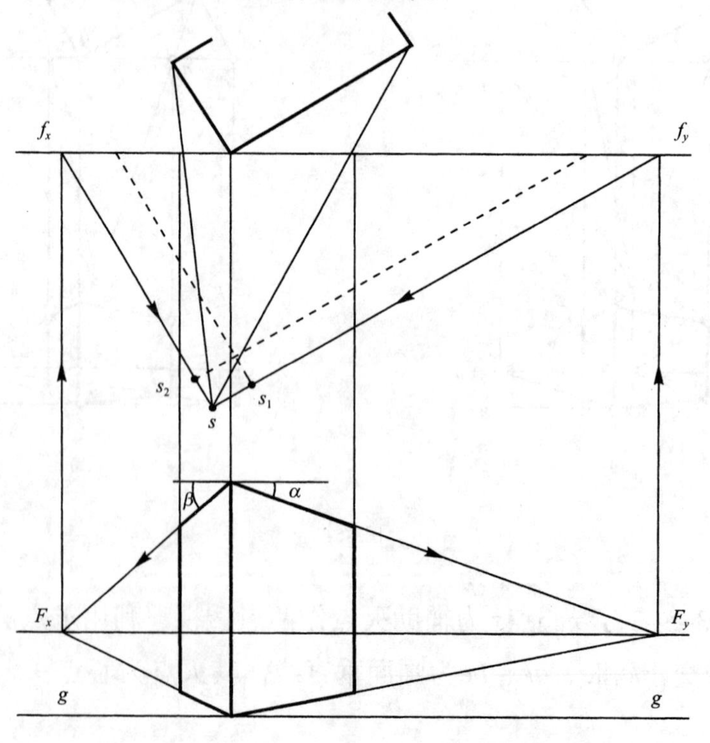

图3-5-3

三、直线透视定比分割

画面平行线上点划分线段之比不变，画面相交线则变形。

1. 在基面平行线上截取成比例的线段

如图3-5-4，将$A^{\circ}B^{\circ}$(透视线，基面平行线)分成定比线面，如2∶3∶4(实长)，以适当长度为单位，在g-g上分$A^{\circ}C_1$∶C_1D_1∶D_1B_1=2∶3∶4，F_1C_1、F_1D_1、F_1B_1实际为互相平行的基面平行线。$A^{\circ}B^{\circ}$有透视变形，不能在线上直接定出。

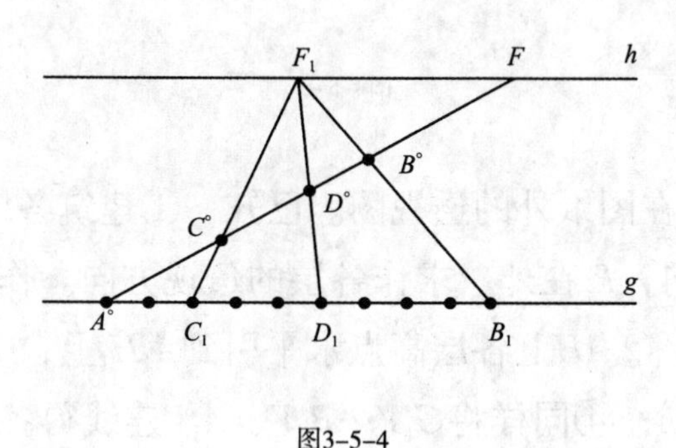

图3-5-4

2. 在基面平行线上截取若干等长线段

如图3-5-5，F_1不是用站点至灭点的距离求出，不叫量点，但它起到“量点”的作用。

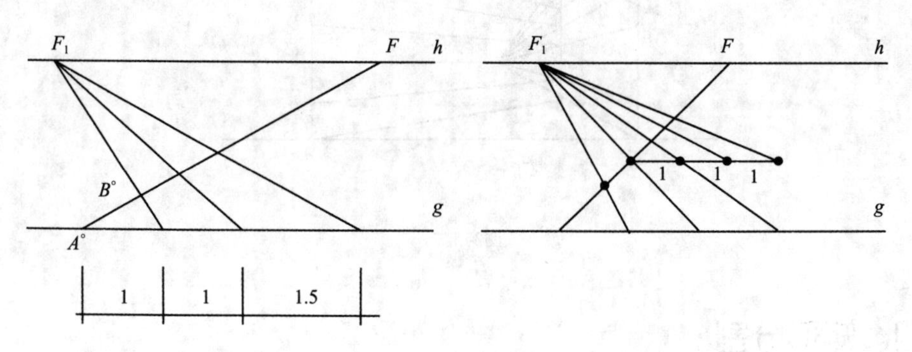

图3-5-5

利用直线的分段方法，便可以引到画立面图的分画竖线。如图3–5–6，可以在基线上分割，也可以在墙面顶点作水平线(g_1-g_1)分割，结果一样。

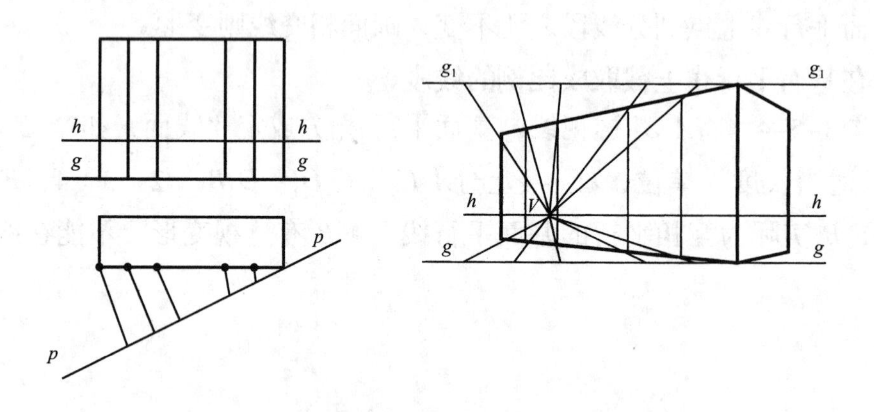

图3–5–6

图3–5–7为灭点在图纸外的透视图。已知：①建筑各层高度；②HF_x为最高层顶部的透视方向，F_x在外。求作各层的透视方向。作法：①任意作垂直线A_1H_1，$A_1H_1=AH$；②AH上各层高点水平引到A_1H_1上；③过H_1引H_1V(点V在h–h任一处)交HF_x于h；④同样将$G_1V\cdots B_1V$、A_1V连线得各交点；⑤交点与真高线上的层高点连线即为所求。

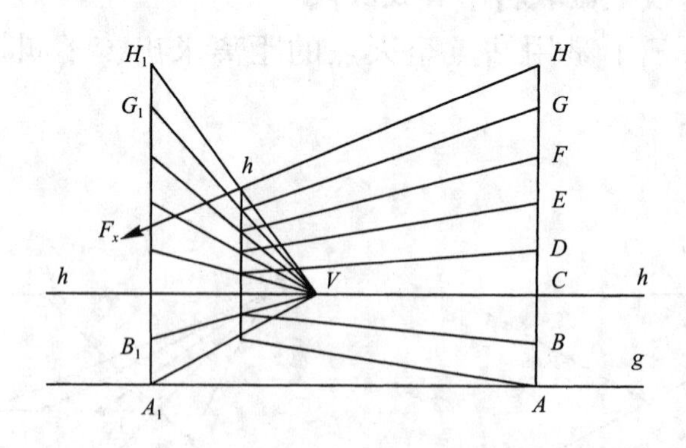

图3–5–7

四、矩形分割

(1)用对角线方法，分割成偶数相等的透视图形，如图3–5–8。

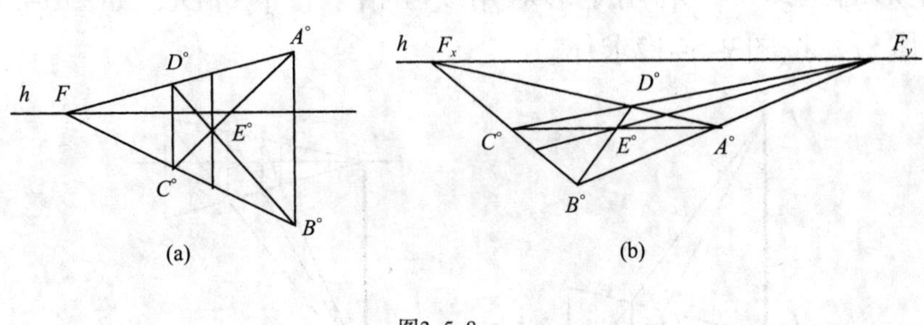

图3-5-8

(2)利用一条对角线和一组平行线，竖向分割三等分的矩形，如图3-5-9(a)、(b)。图3-5-10为按比例的分割，分为比例为3 : 1 : 2的三部分，图示为两种作法。

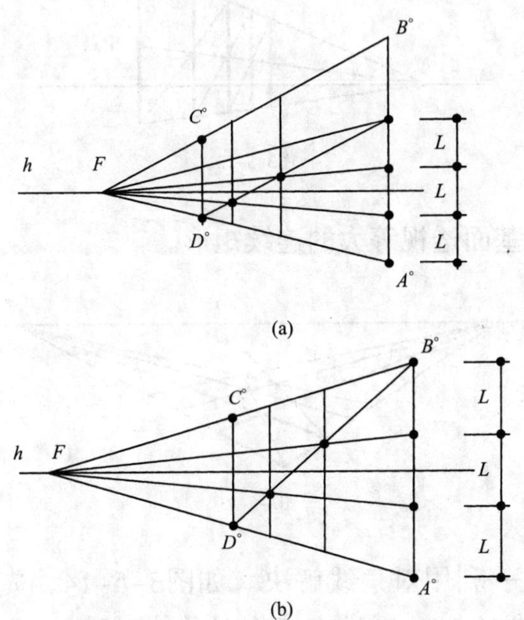

图3-5-9

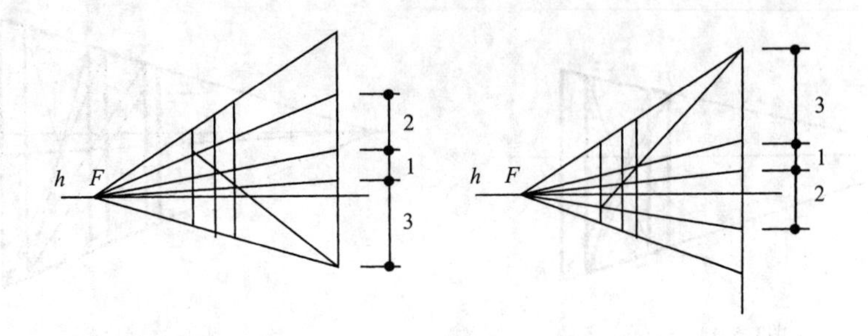

图3-5-10

(3)矩形的延续——利用矩形对角线互相平行的特性，如图3-5-11。如F_1、F_2出图板，按图3-5-12求作。

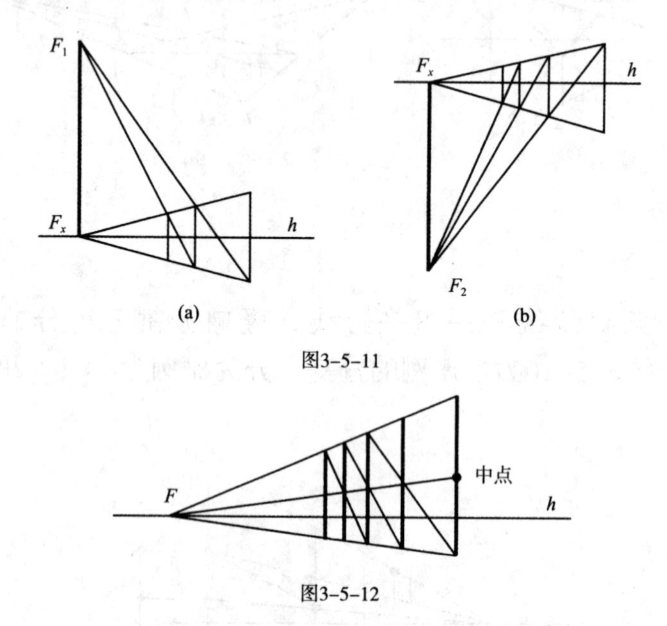

(a) (b)

图3-5-11

图3-5-12

图3-5-13为作基面透视等大的连续矩形。

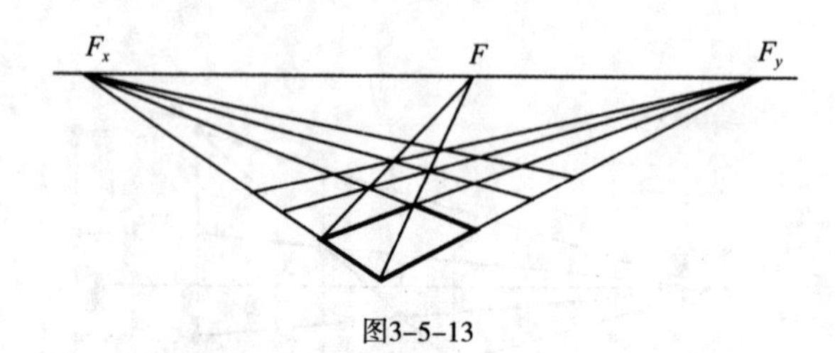

图3-5-13

(4)作对称形——利用对角线解决。如图3-5-14，先求“中间”矩形对角线的交点(矩形的中点)，再过中点作对角线$B^{\circ}L^{\circ}$，由L°作铅垂线即成。图3-5-15为作宽窄相间的连续矩形。

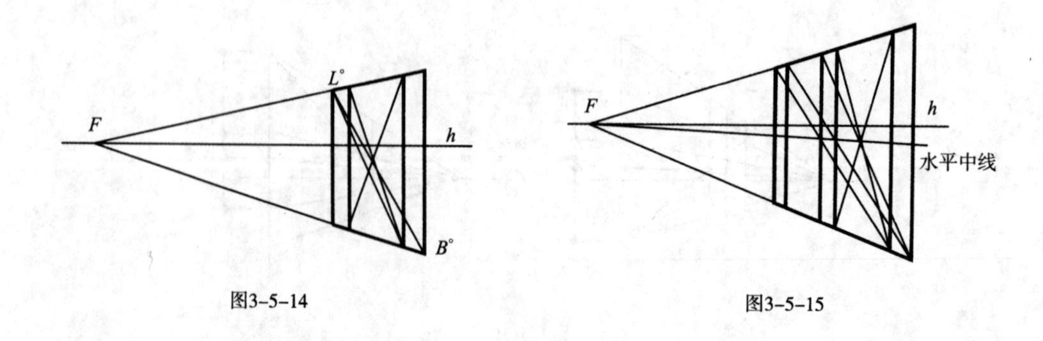

图3-5-14

图3-5-15

五、建筑透视实例

图3–5–16为四层七等开间建筑，先作斜度线定站点，定量点M_x和M_y，再按线段分割法完成细部。下图为放大比例后分割墙面的作图法。

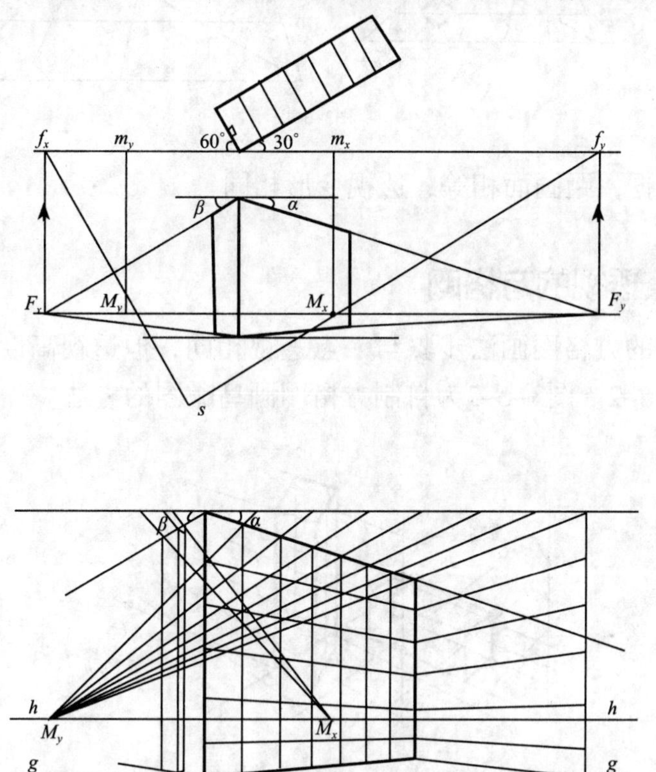

图3–5–16

第六节　鸟瞰图的画法

一、一点透视的方格网

定画面、画方格、定视高，画基线g–g和视平线h–h；作方格透视，可用距点法求$A^{\circ}B^{\circ}$，也可用视线法求$A^{\circ}B^{\circ}$。

如图3–6–1，画室内家具透视平面，定各家具的透视高，按真实高度相当方格的倍数来定。如方格为500 mm × 500 mm，书桌的高度一般为800 mm，相当于1.6倍方格，即图上1格＋3/5格。

如家具摆设不平行于画面，可以把家具的平面透视画出后，找到它两边的灭点来画。

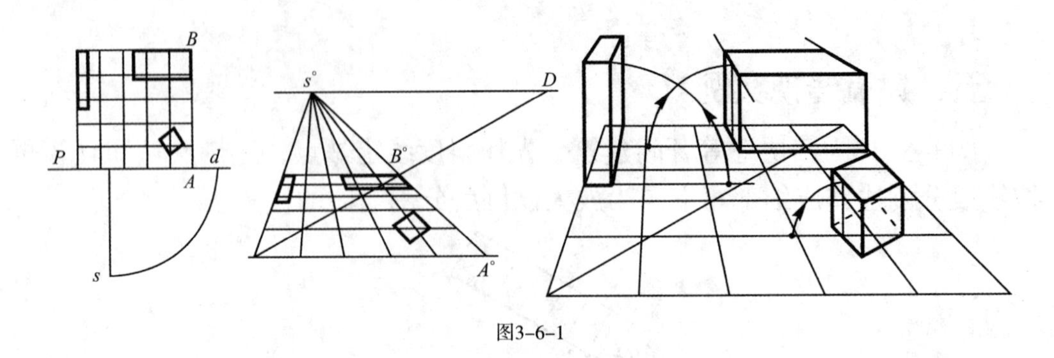

图3-6-1

定高度依据：距画面相等，透视变形相同。

二、两点透视的方格网

两点透视的方格网画法步骤与一点透视相同，但透视高度由集中真高线来定，如图3-6-2。图3-6-3为自制方格网画鸟瞰图的方法。

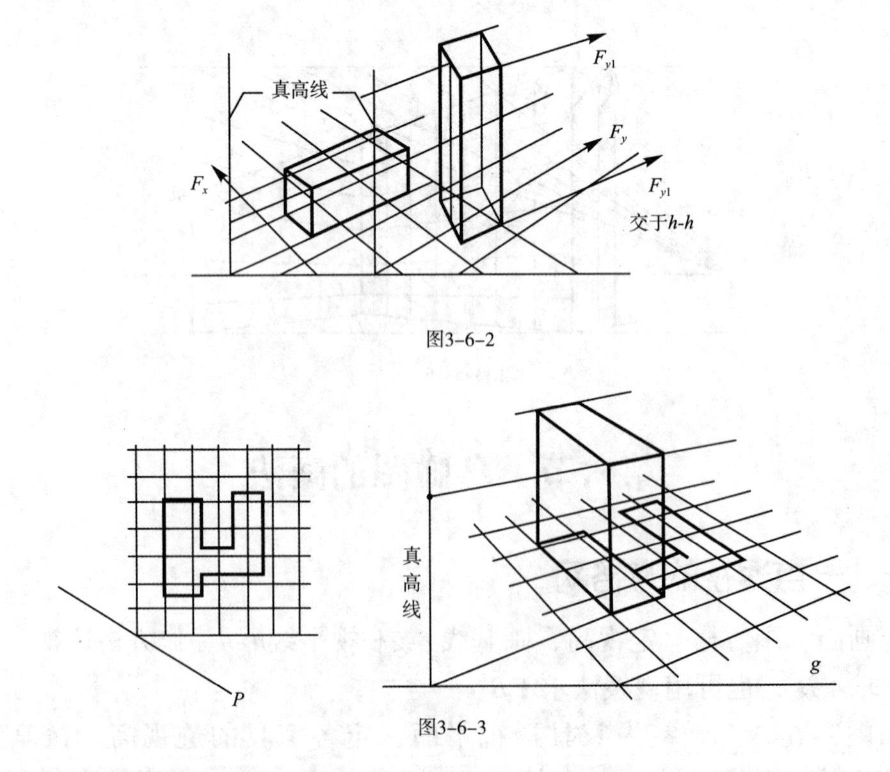

图3-6-2

图3-6-3

三、三点透视画法

图3-6-4为三点透视画法图例，它比两点透视多一个上(或下)的灭点，此灭点的位置主要是按画面与基面的倾角而定，倾角和上(下)灭点的选择需要考虑透视变形不要失真。

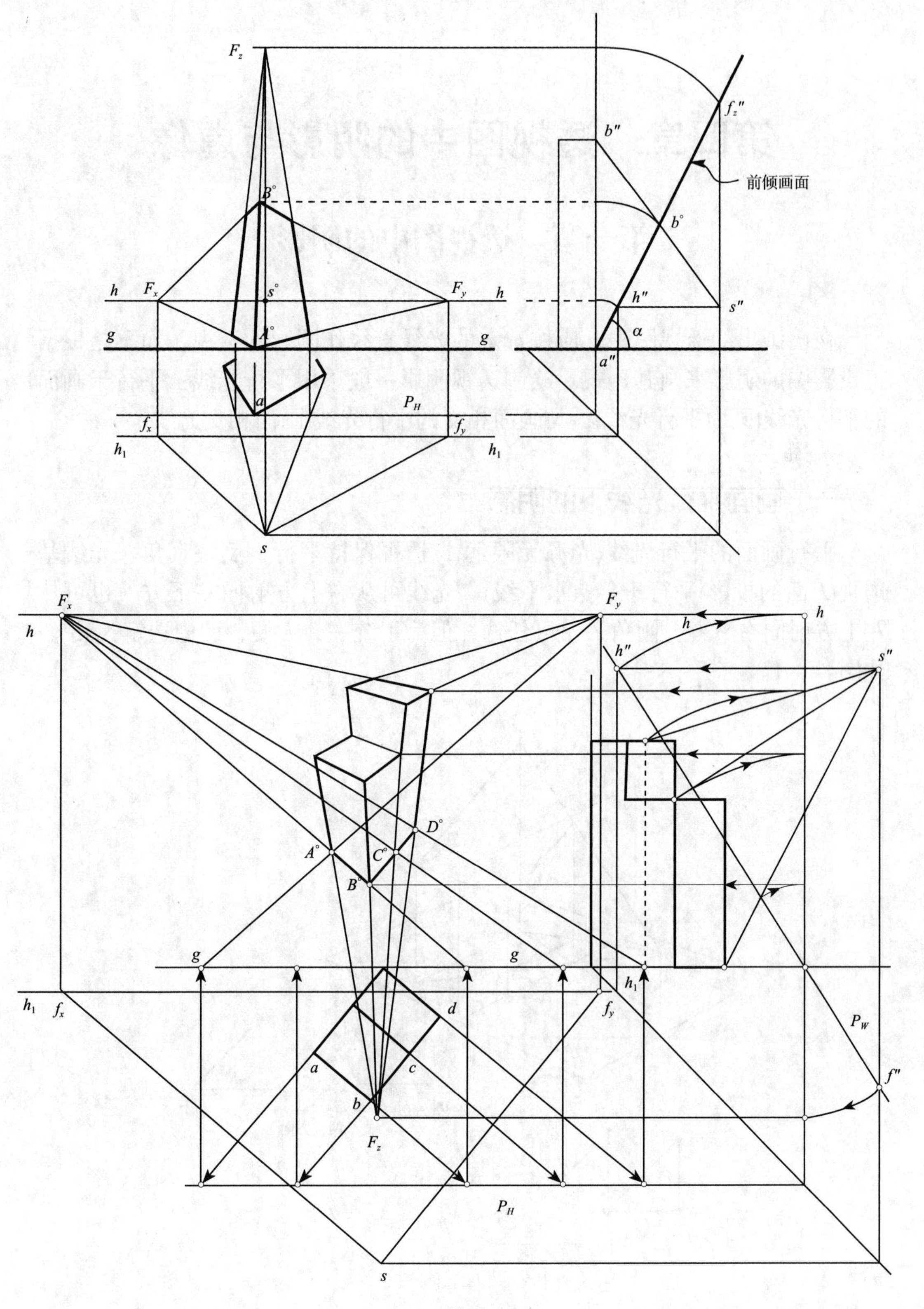

F_z
f_z''
b''
前倾画面
B°
b°
h
F_x
s°
F_y
h
h''
s''
A°
g
g
α
a''
a
P_H
f_x
f_y
h_1
h_1
s
F_x
F_y
h
h
h
h''
s''
D°
A°
C°
B°
g
g
h_1
h_1
f_x
f_y
d
P_W
a
c
f''
b
F_z
P_H
s

图3-6-4

第四章　透视图中的阴影与虚像

第一节　透视图中的阴影

在已画出的透视图中，应按选定的光线直线作阴影的透视，而不是根据正投影图的阴影来画其透视。绘制透视阴影一般采用平行光线：平行于画面的平行光线(画面平行光线)，与画面相交的平行光线(画面相交光线)。

一、画面平行光线下的阴影

平行画面的平行光线(光源无限远)，透视保持平行，反映真角。光线基透视(H面的投影)平行于g–g(水平线)。光线可从右上方射向左下方，也可从左上方射向右下方。倾角$\angle\alpha$可任选，但为了统一、方便，课内选定为45°。如图4–1–1。

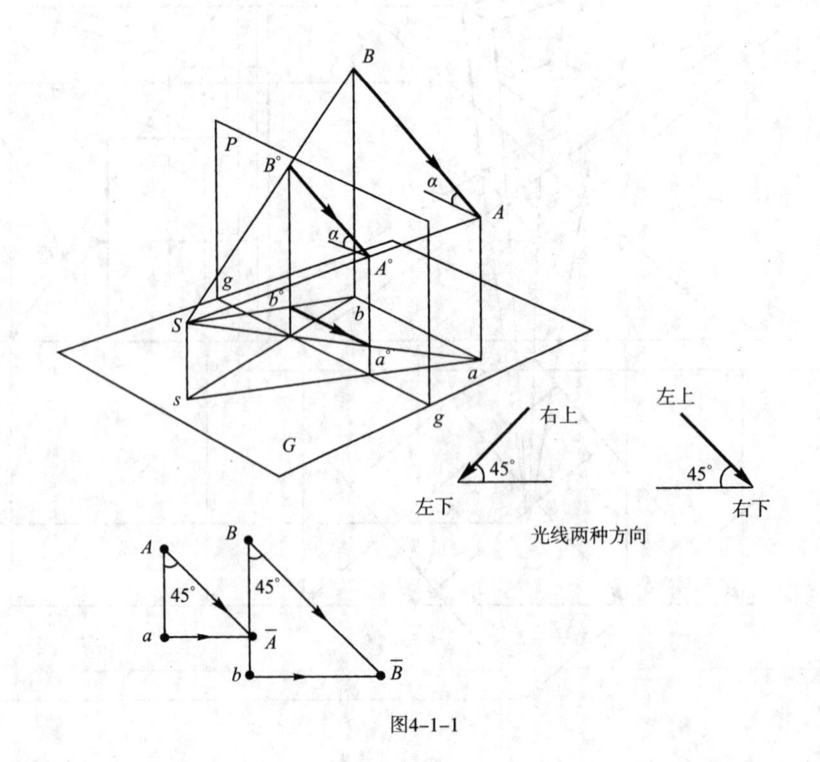

图4–1–1

例1：

图4–1–2为点、线的落影。

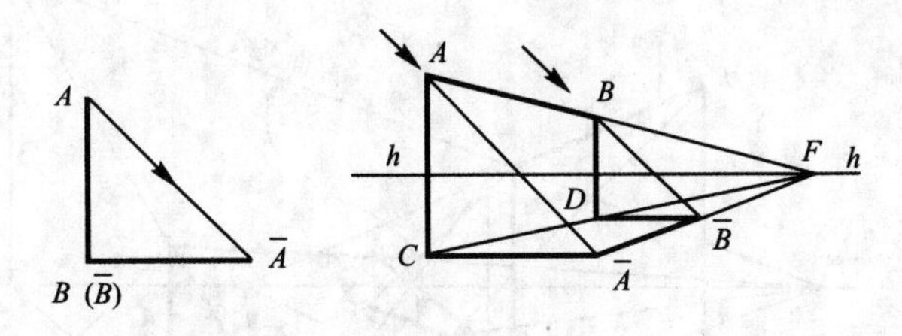

图4–1–2

例2：

图4–1–3为立杆在平屋顶的落影。

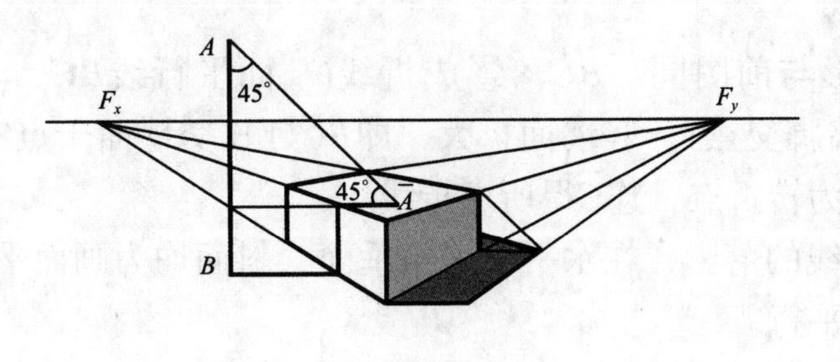

图4–1–3

例3：

图4–1–4为立杆在斜屋顶的落影，点$\overline{A}$用光平面求得。

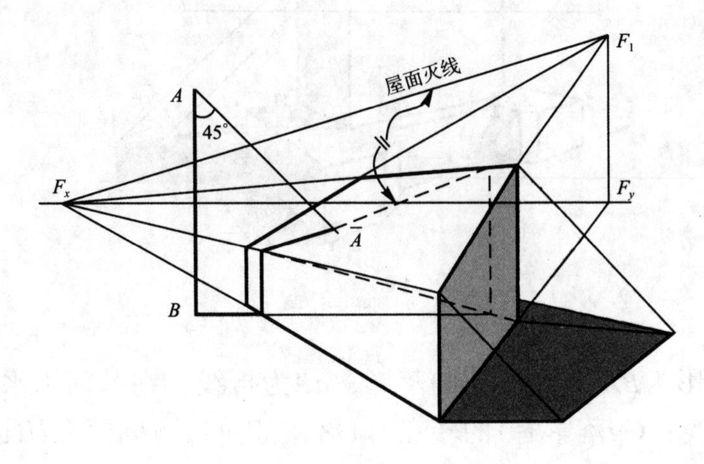

图4–1–4

例4：

图4–1–5为门架在斜屋面的落影。

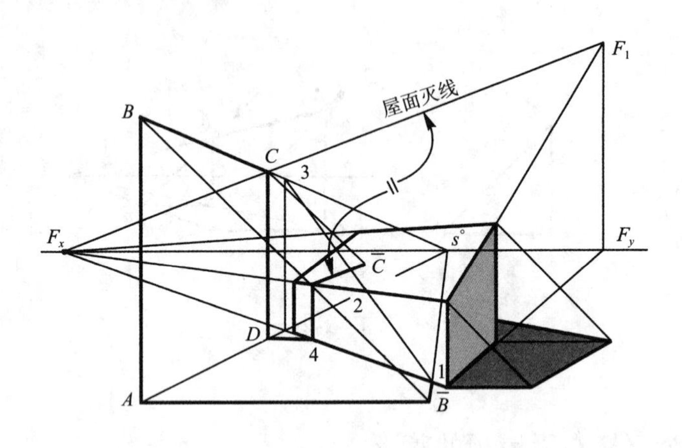

图4–1–5

CD的落影与前图同，BC落影成折线(基面平行线BC，其影$\overline{B}1$同灭点s°)，连$\overline{B}s^{\circ}$得墙脚交点1。竖墙面扩大，即BC延长交墙面于点3，连1、3，得檐口交点2，2为转折点，连$\overline{C}$得所求折线。

画面平行线的落影，在水平面、铅垂面、斜面均为画面平行线，落影与承影面的灭线平行。

例5：

图4–1–6为组合体的落影。

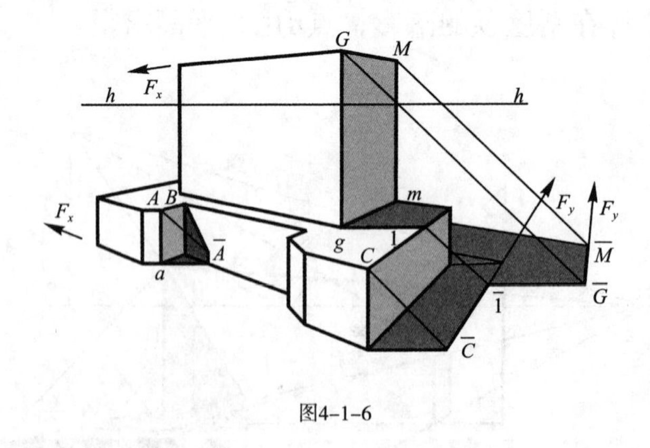

图4–1–6

AB的落影为$B\overline{A}$，$a\overline{A}$为Aa的落影，$a\overline{A}$为折线，在基面为水平线，到墙脚转为铅垂线；Gg落影有1的转点，1落在基面$\overline{1}$，Mm落在H面的$\overline{M}$(可由$\overline{G}$引到F_y的线，由M作45°线相交于点$\overline{M}$)。

例6：

图4–1–7为用画面平行光作阴影。

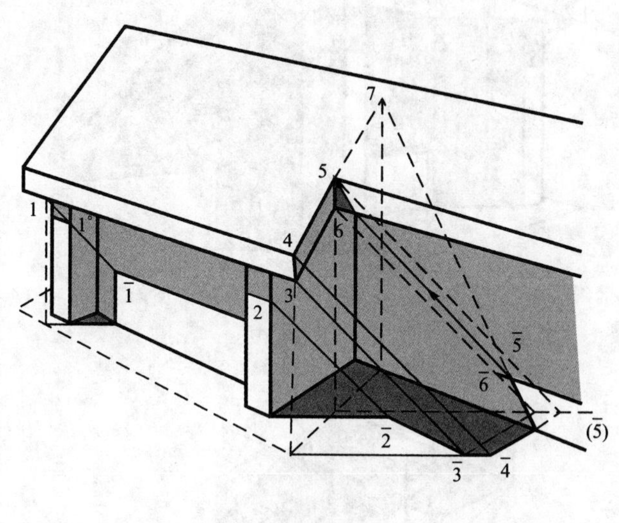

图4–1–7

作法：①求$\overline{1}$，是过柱边基透视水平线，交墙面并上投与檐口点1的投影1°作45°线相交求得。1°和$\overline{1}$是一对转点。由1°连F_x得前柱点2，并转地面得$\overline{2}$；②由点3作45°线与其水平投影作水平线相交求$\overline{3}$；③过$\overline{3}$作水平线(垂直线地影为水平，即平行光基透视)，过点4作45°线交$\overline{4}$；④求点5的虚影$(\overline{5})$，$(\overline{5})$、$\overline{4}$连得地墙交点，再连地墙交点转折于$\overline{5}$得墙上的影(墙段影亦可用线面交点法求出)。

例7：

图4–1–8(a)为带壁柱和雨篷的门洞落影。

作法：①利用光线在雨篷底面的基透视求作。因光为画面平行线，基透视为水平线，与门洞下半部一样；②作45°光交柱1°(3°)连F_x得柱上的影线；③雨篷与墙交线延至2，作2的铅垂线，1的影为1°和$\overline{1}$；④以$\overline{1}$连F_x，C作45°得$\overline{C}$；⑤$\overline{1}$和$\overline{3}$必在$\overline{C1}$连F_x的线上得$\overline{3}$的影(或用雨篷3作45°光求得)。

图4–1–8(b)为方柱头的落影求法。

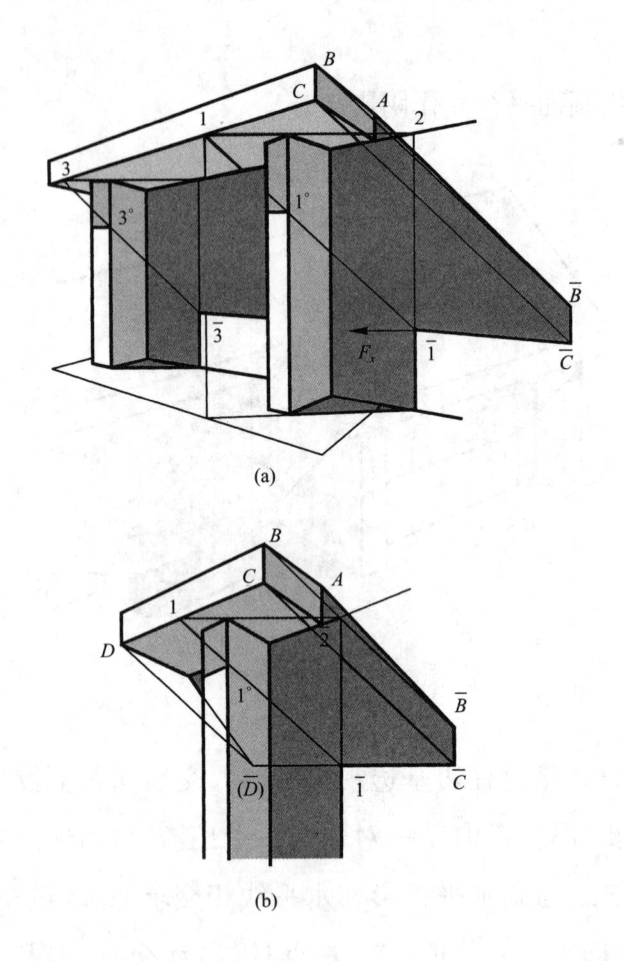

图4-1-8

例8：

图4-1-9为方盖盘在圆柱面上的落影，用方盖作基透视，分点求出点影，点影连线为所求。平面(基透视)与柱顶“垂直”位置是相同的，光的基透视为水平线，与盖有交点，求交点的落影。

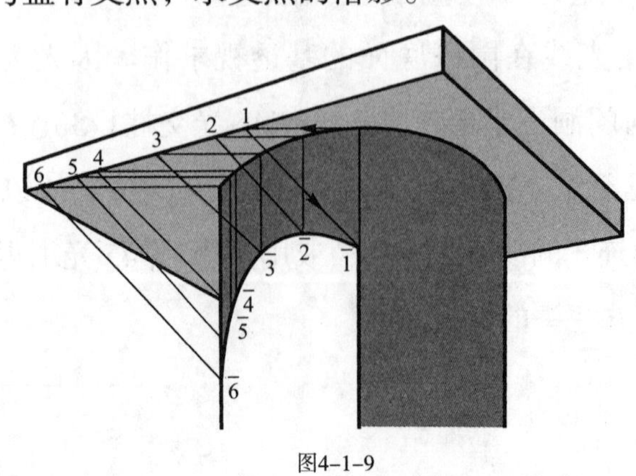

图4-1-9

例9：

图4-1-10为两侧矩形挡墙台阶的落影。

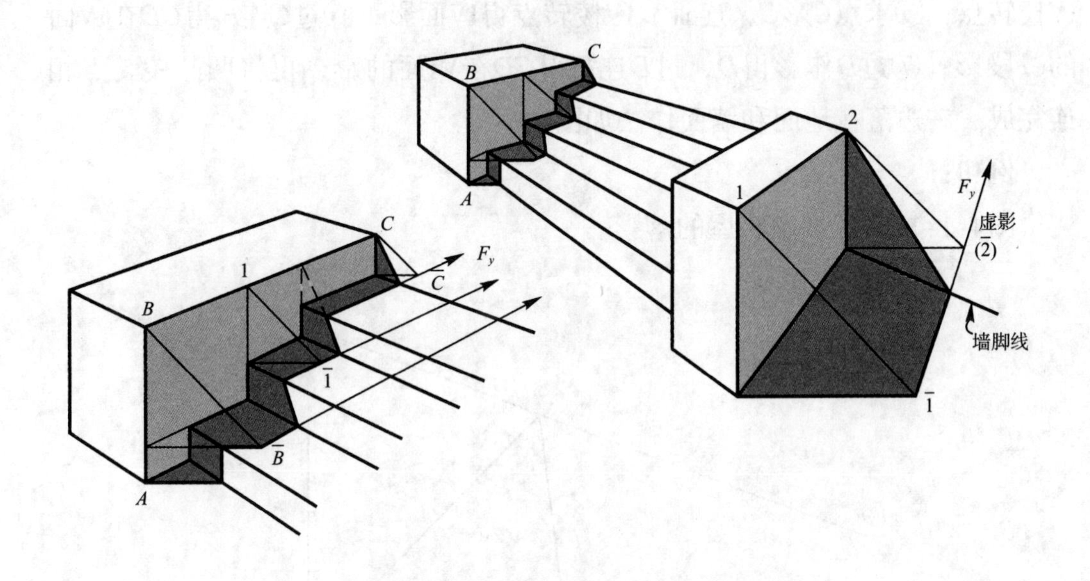

图4-1-10

作法：①求铅垂线AB的影$A\overline{B}$(转折线，用扩大第一踏面求得)；②$\overline{B}$连F_y得BC一段的影(影平行于线)；③扩大第二踢面求得1和$\overline{1}$，过$\overline{1}$连F_y得第二踏面影；④作C的影$\overline{C}$($\overline{C}$为虚影)，过$\overline{C}$连F_y得第三踏面影，再连凸凹棱完成。

图4-1-11为另一台阶的落影。

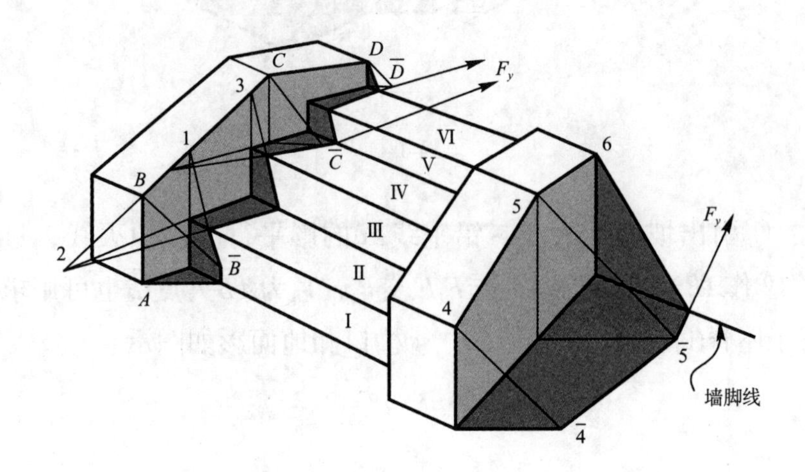

图4-1-11

作法：①求AB阴线的影$\overline{A}\overline{B}$；②扩大Ⅰ面交点1，连$\overline{B}$1，得棱上转点；③扩大Ⅱ面交点2，连Ⅰ、Ⅱ面交棱转点得Ⅱ面影；④扩大Ⅲ面交点3，得Ⅲ、Ⅳ棱转点；⑤求点C影$\overline{C}$，连Ⅲ、Ⅳ棱转点得Ⅳ面影；⑥过$\overline{C}$连F_y得CD在Ⅳ面的一段影；⑦过D作影得$\overline{D}$，过$\overline{D}$连F_y得CD在Ⅵ面的影，再将凹凸棱转点相连完成。右边落在地面和墙面作法如图示。

例10：

图4-1-12为带烟囱小屋的落影。

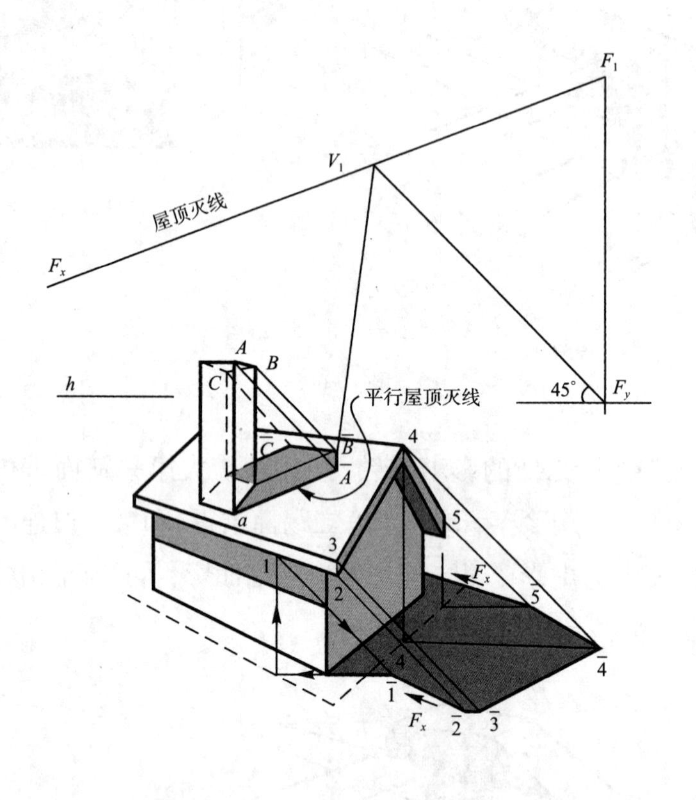

图4-1-12

作法：①引出坡屋顶灭线，铅垂线Aa的影平行于屋顶灭线，过A引45°线，求$\overline{A}$；②作AB光平面灭线，与F_1F_x交V_1，V_1为$\overline{A}\overline{B}$灭点($\overline{B}$也可用求点法)；③BC平行于屋脊(即连$\overline{B}$、F_x，得$\overline{C}$)；④檐口和地面影如图示。

二、画面相交光线下的阴影

与画面相交的光有灭点，平行光线有共同一个灭点，即F_L。光线为斜交，所以其F_L不是在视平线h–h的下方就是在h–h的上方(不能在h–h上，因光不是基面平行线)，光线的基透视在F_l上(即在h–h上，因它是光线的H面投影，G面上的线灭点均在h–h上)。

如图4–1–13，L_1是自画面后向观者迎面射来的光线。L_2是自画面前在观者后上方射向画面的光线。

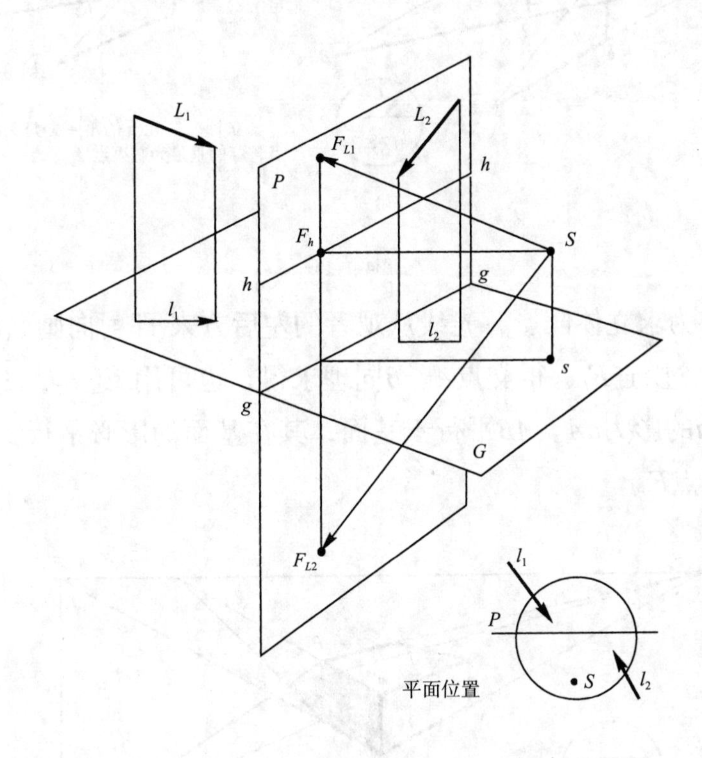

图4–1–13

例1：

图4–1–14为几种立杆的不同情况。(a)图为从上向下，光在观者的左后方，F_L(灭点)在h–h下方，基灭点F_l在h–h上，杆影聚集于F_l。(b)图为从上向下，光在观者的左前方，F_L在h–h上方(迎面射来的光线)。

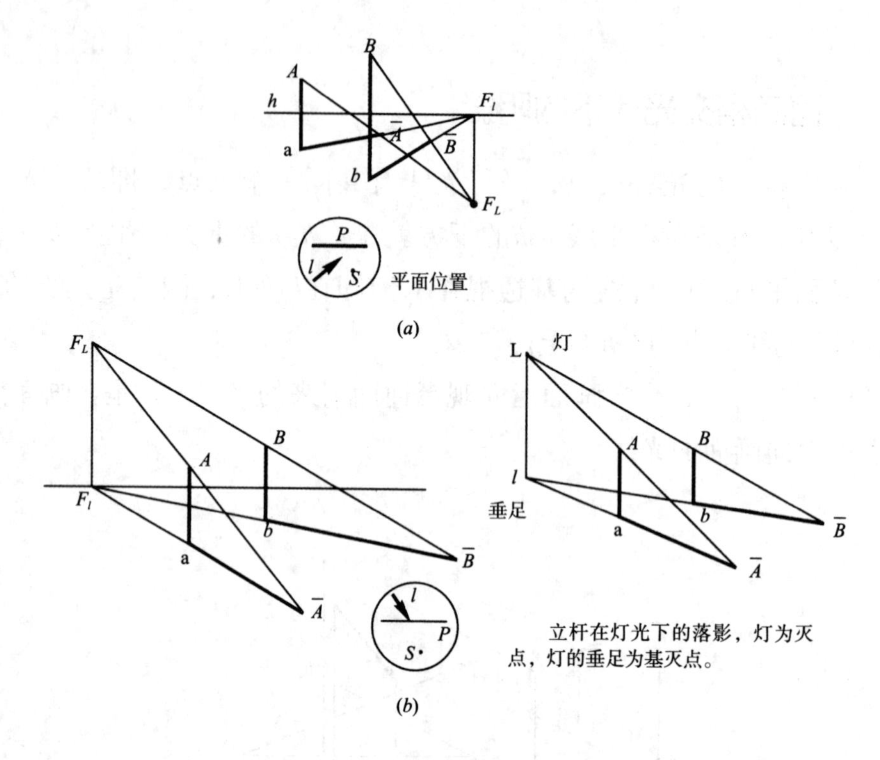

图4-1-14

图4-1-15为求立体阴影，光线从观者的左后方来(即射向画面的光线)。

过a连F_l，过A连F_L，得交点$\overline{A}$。$\overline{B}$同理求得，也可用B连F_L，$\overline{A}$连F_y交点得出如图示。Aa的影为$a\overline{A}$。AB平行于基面，其在基面的影必平行，即$\overline{A}\overline{B}$和AB应为同一个灭点F_y。

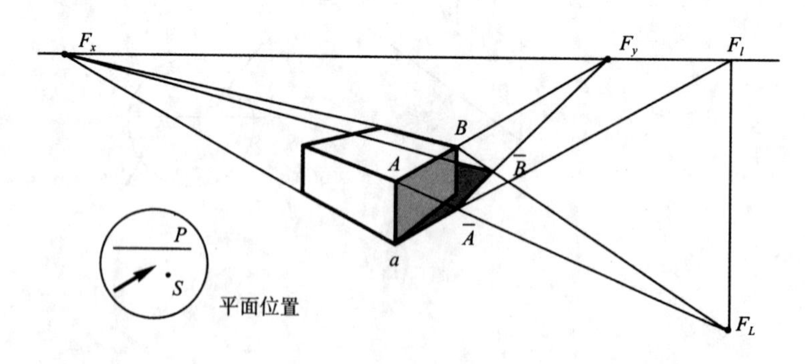

图4-1-15

例2：

图4-1-16为射向画面光、斜顶落影在平屋顶上。

作法：如图4-1-16(a)，①求aa_0(a连F_l)；②求$a_0\overline{A}$(过a_0作垂线，与A连F_L交点求$\overline{A}$)；③扩大墙面得与斜线交点1。连$\overline{A}$1得2；④扩大平顶面得与斜线交

点4，连2、4得$\overline{3}$；⑤过$\overline{3}$作平行于平顶屋面线，即$\overline{3}$连F_x与6连F_l交$\overline{5}$；⑥连$\overline{5}$、6完成。详见图4-1-16局部放大图。

图4-1-16(b)为斜顶落影在平屋面上的作图法。

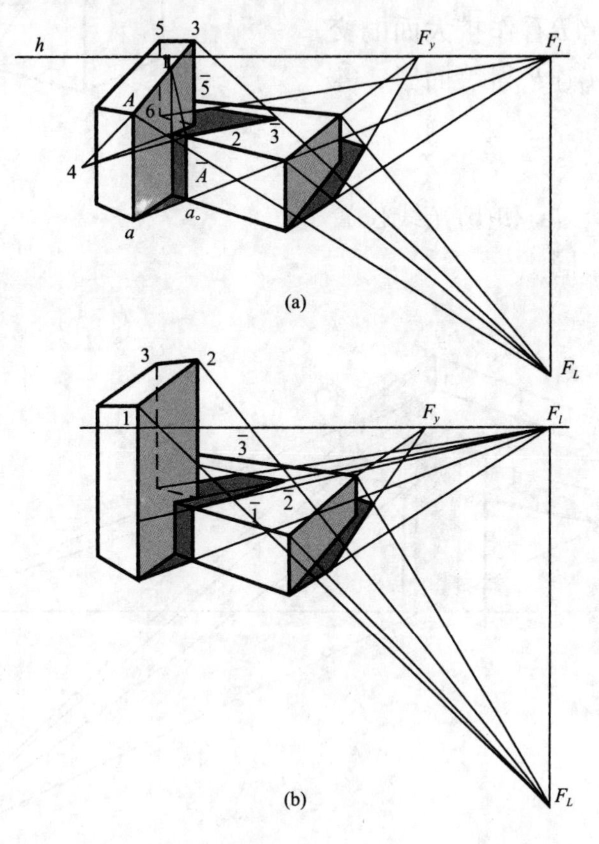

图4-1-16

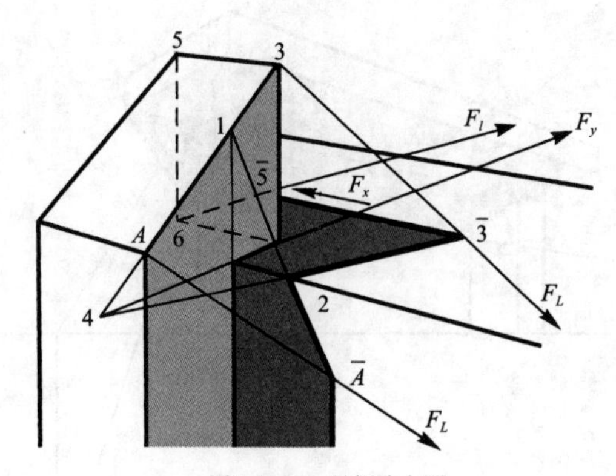

图4-1-16　局部放大图

例3：

如图4-1-17，已知平顶建筑的透视图和光线的方向，求阴影(光线方向即定出光线的灭点)。

作法：①求A的影$\overline{A}_1$，把上部看成基透视，连A、F_l得a_1，连A、F_l交于a_1的垂线得$\overline{A}_l$；②连$\overline{A}_1$、B，与墙角交点1。为转折点(点B看作扩大面的交点)；③1。连F_x和$\overline{A}_1$连F_y得墙面影；④求地面影如图示。

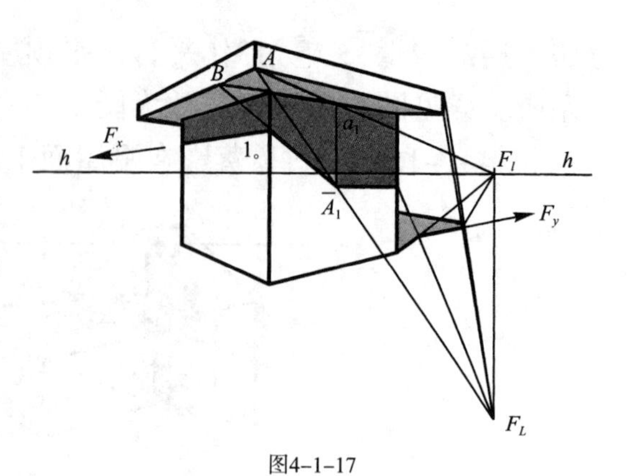

图4-1-17

例4：

如图4-1-18，(a)和(b)光线位置不同，落影形状不同。

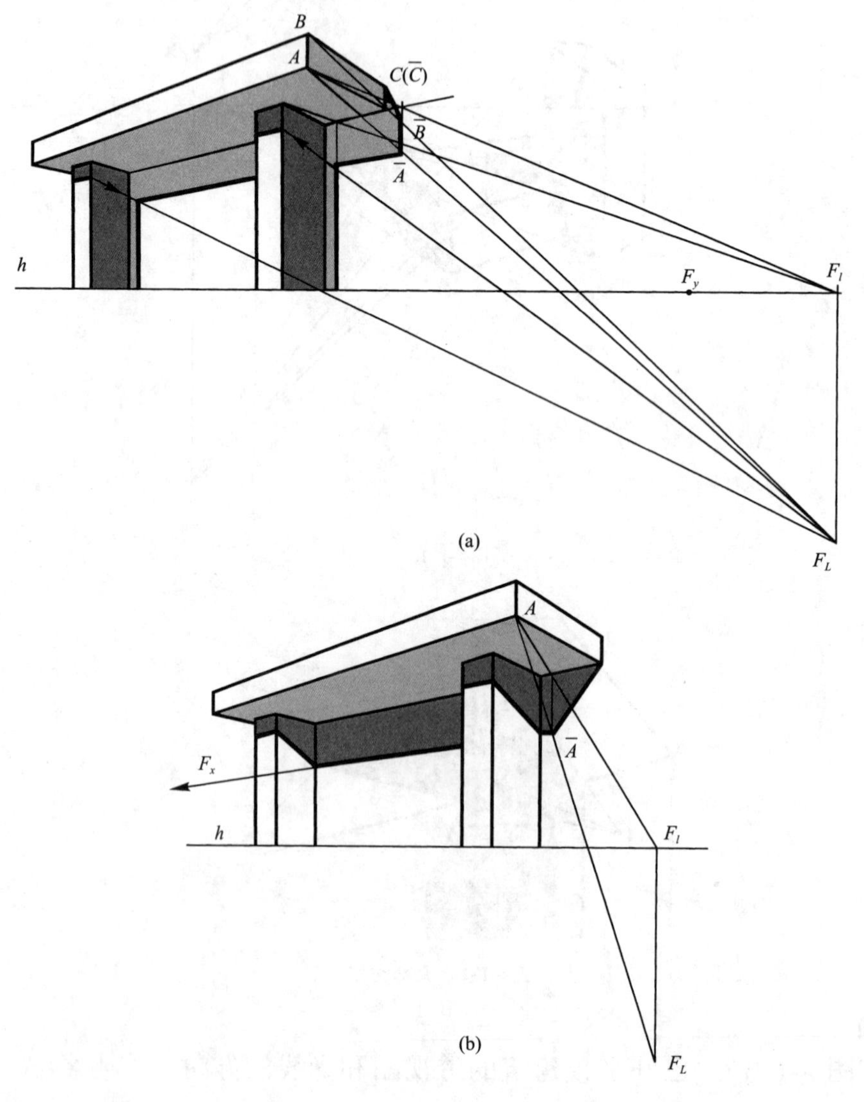

图4-1-18

例5：

如图4-1-19，已知房屋透视和光的灭点、基灭点位置，求阴影。

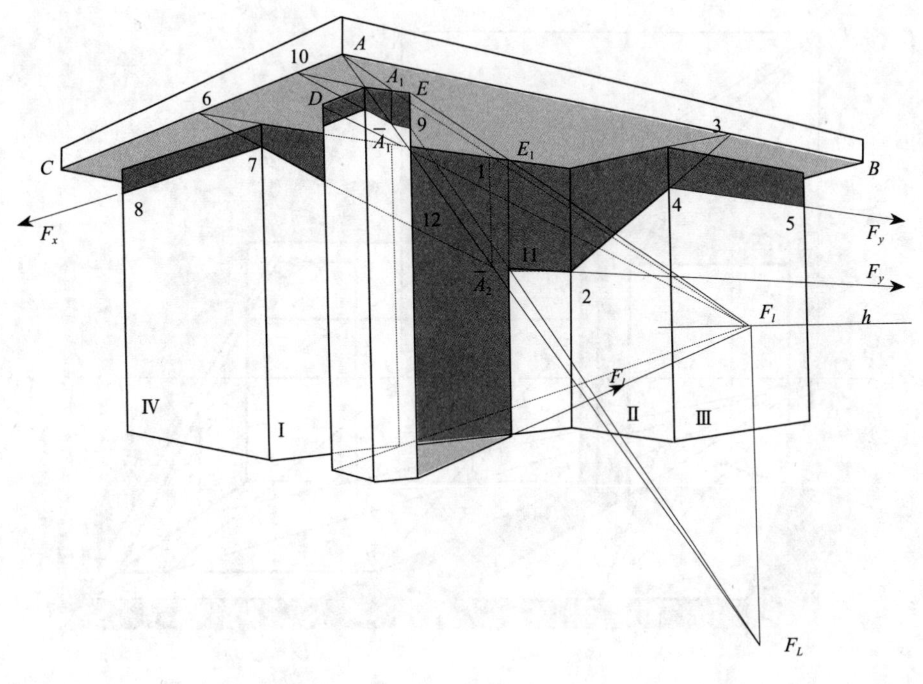

图4-1-19

利用光线在平屋顶底面上的基透视作图。

作法：①自A引AF_l与Ⅰ墙交于点1；②自1引垂线与AF_L交于$\overline{A}_2$($\overline{A}_2$在Ⅰ墙面为虚影，实际是在柱上)；③AB在平行的Ⅰ墙的影仍平行，即$\overline{A}_2F_y$交Ⅱ墙于点2；④扩大Ⅱ墙交AB于点3；⑤连2、3得4，45为AB在凸墙上的一段影。同理扩大Ⅰ墙得6，连$6\overline{A}_2$后得7，过7连F_x得78的影。再求点A落在柱面和柱的影落在墙面上。

作法：①过A作F_l连线交柱顶边于点A_1；②过A_1作垂线与AF_L连线交于$\overline{A}_1$，$\overline{A}_1$为A在柱面的影；③过$\overline{A}_1$向F_y作线得$\overline{A}_19$，它为AB的一段影；④扩大柱面交AC于10，连$\overline{A}_1$、10得AC在柱上的一段影。柱边转影处再连F_x，完成柱上的影；⑤过柱边顶E连F_l，交Ⅰ墙于E_1，由E_1作垂线与$9F_L$交于11，过11作垂线便是柱在Ⅰ墙的影线；⑥过柱顶D连DF_l与Ⅰ墙上边相交，过该交点作垂线与原$\overline{A}_26$得交点12，再往下作垂线得另柱边影；⑦连柱脚点完成。求柱在地面和墙面的落影也可从柱脚阴线连F_l求得，如图示。

例6：

如图4–1–20，迎面射来的光。

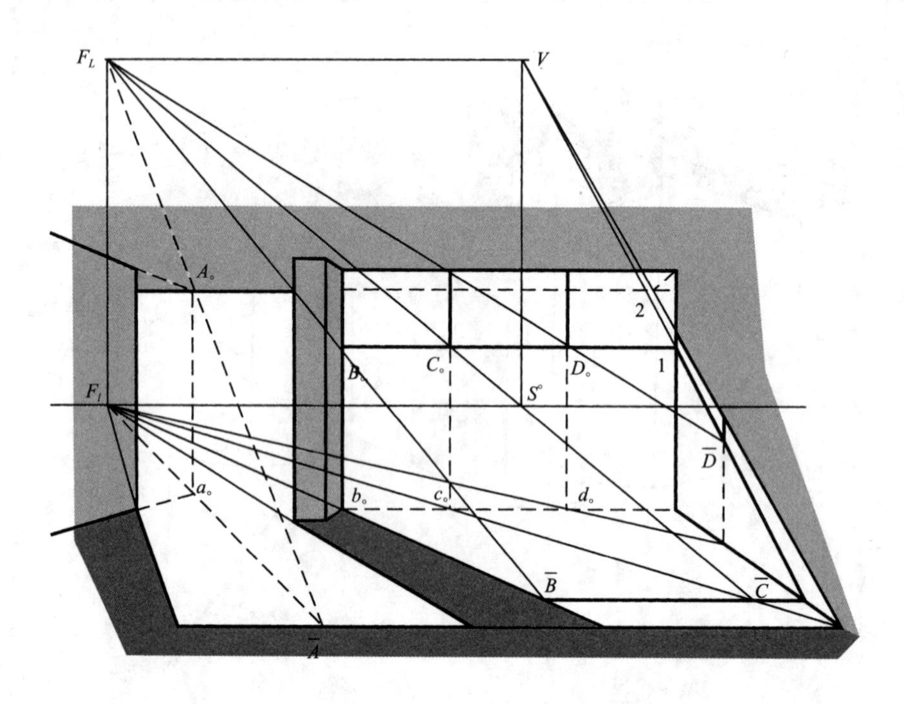

图4–1–20

作法：①延长左侧墙面交檐口于$A_。$($a_。$为$A_。$的基透视)，$a_。$连F_l和$A_。$连F_L求得$\overline{A}$；②过$\overline{A}$檐口落影作水平线，求得檐口线在地面的影线；③檐口在地面的影线在右墙脚处转折到右墙面上，其影为转折点连点2求得(点2是扩大墙面与檐口的交点)，将左墙脚和柱脚连F_l求得墙影和柱影；④$B_。$连F_L求得窗下框的影$\overline{B}$，过$\overline{B}$作水平线交右墙脚一点，并以此点连点1求得窗框的落影，再以图示方法求出$\overline{C}$和$\overline{D}$；⑤右墙斜影灭点V是光平面灭线(平行基面并通过光线灭点)F_LV与墙灭线$S^\circ V$的交点。

例7：

如图4–1–21，求在灯光下屋檐、门窗洞的阴影，房屋为一点透视作出。

作法：①Aa、Bb墙角用灯足点l(l即基透视)引la、lb求得；②窗框Cc的影在窗台上，应先求出同窗台高度的基透视l_1，连l_1、c其延长线为所求(l_1''在墙面扩大面上)；③求D的影$\overline{D}$，作LD交墙面，作$L''D''$的延长线与LD相交于$\overline{D}$，$\overline{D}$为所求(D''为在墙的平面上，L''在墙的扩大面上)；④过$\overline{D}$连S°得檐口的影线。

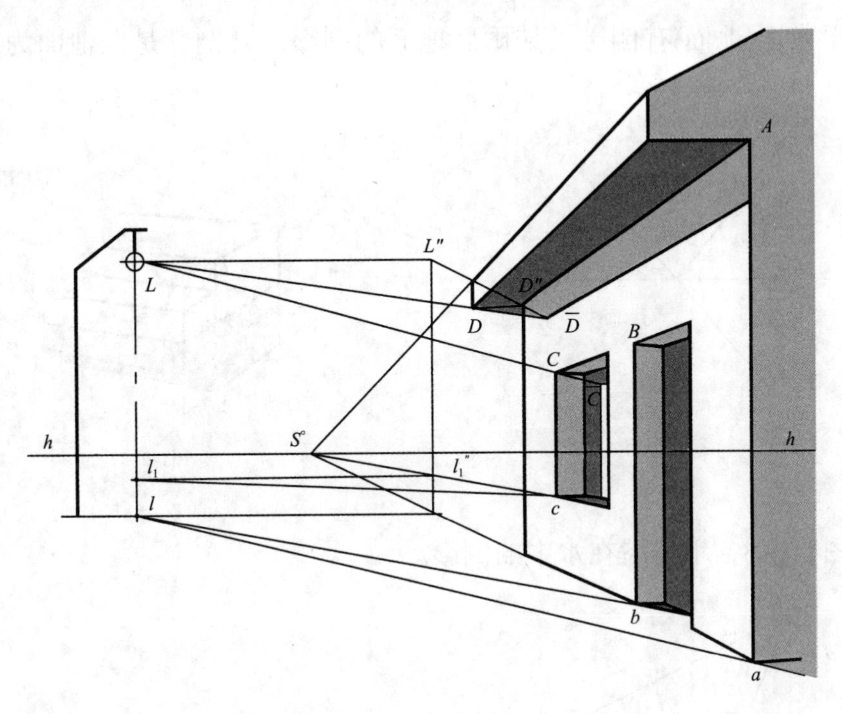

图4-1-21

第二节　倒影与虚像

水面可以看到倒影，镜面可以看到虚像。如图4-2-1，入射角1等于反射角2，$Aa=A_0a$，AA_0垂直于反射面，A_0为点A的虚像，虚像对于水平的反射面来说称为倒影。

倒影实际是对称的倒像，即与物体对称于反射面的对称形象。

水中的倒影，如图4-2-1为一个点A，A_0就是倒影，即点与影的连线为铅垂线。Aa保持相等，$Aa=A_0a$。

建筑物的透视与其倒影是以水面为对称面的对称图像，透视消失也是一致的。

取用对称图形的简捷画法，作出水下对称点，按透视关系连接起来，即可成倒影。

图4-2-2为步级的倒影。

实际景象中水中倒影不会清晰，因有天空的光影影响，但其基本的形状符合倒影规律。

光滑表面(地面)有倒影，如雨后地面的倒影，其倒影是以地面为对称面求得。

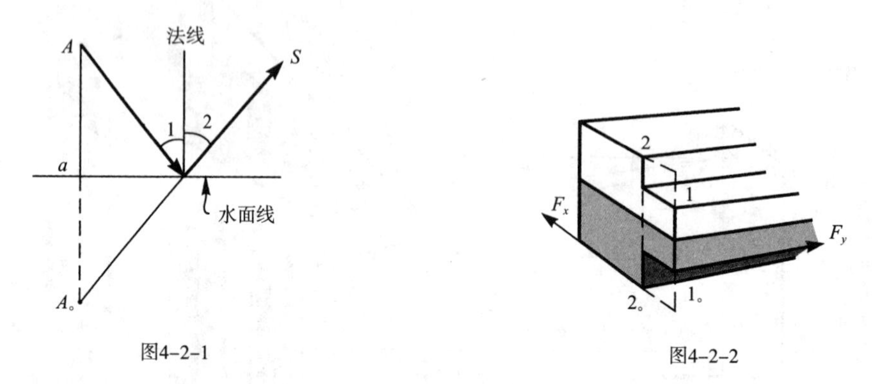

图4-2-1

图4-2-2

例1：

如图4-2-3，求房屋在水中的倒影。

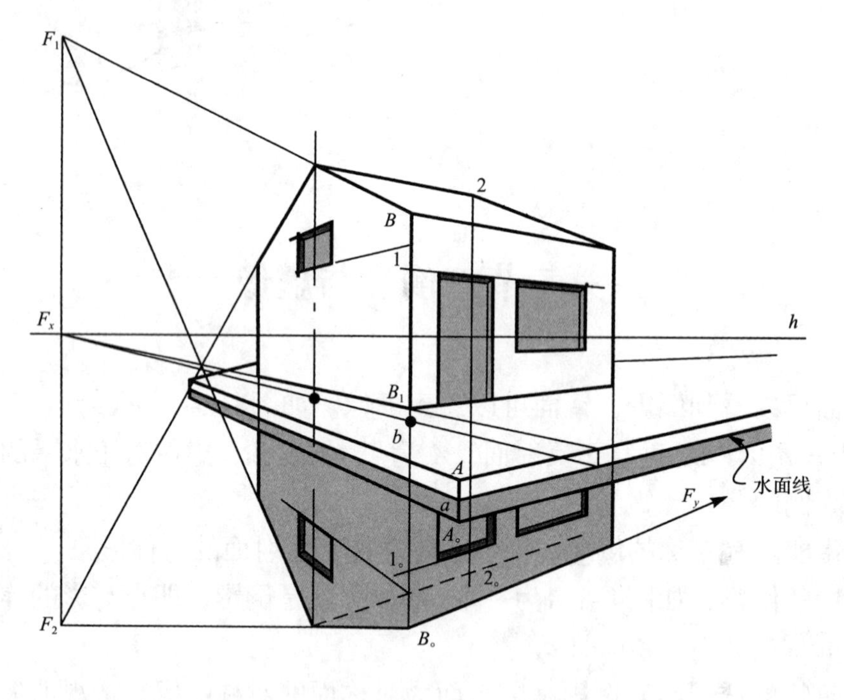

图4-2-3

作法：①求岸边倒影，作$Aa=A_{。}a$，$A_{。}$连F_y；②作BB_1的倒影，先求水面上的b，令$Bb=bB_{。}$；③$B_{。}$连F_2，与屋脊铅垂线交成顶点，由顶点连F_1求得后墙角线交点；④$B_{。}$连F_y与前墙的墙角交垂直点；⑤求门窗高度线，令$1b=b1_{。}$，连F_y，门窗投下求得。山墙面的窗口求作也可以找对应的对称点求得，如图示。

例2：

如图4–2–4，虚像随镜面位置不同，作法不尽相同。图中的镜面为垂直基面，又垂直于画面，以MN垂线为对称轴，$AM=A_{\circ}M$，$aN=a_{\circ}N$，点A虚像为$A_{\circ}$(在房内)，点B虚像为$B_{\circ}$(点B在正面墙上，两墙面的交线为对称轴)。

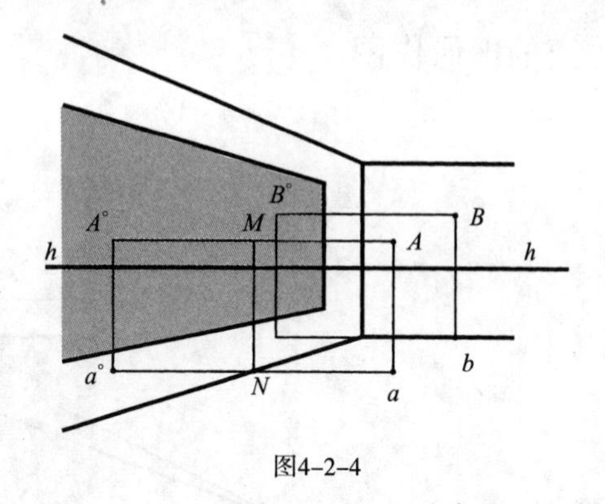

图4–2–4

例3：

如图4–2–5，求侧墙斜镜面虚像。

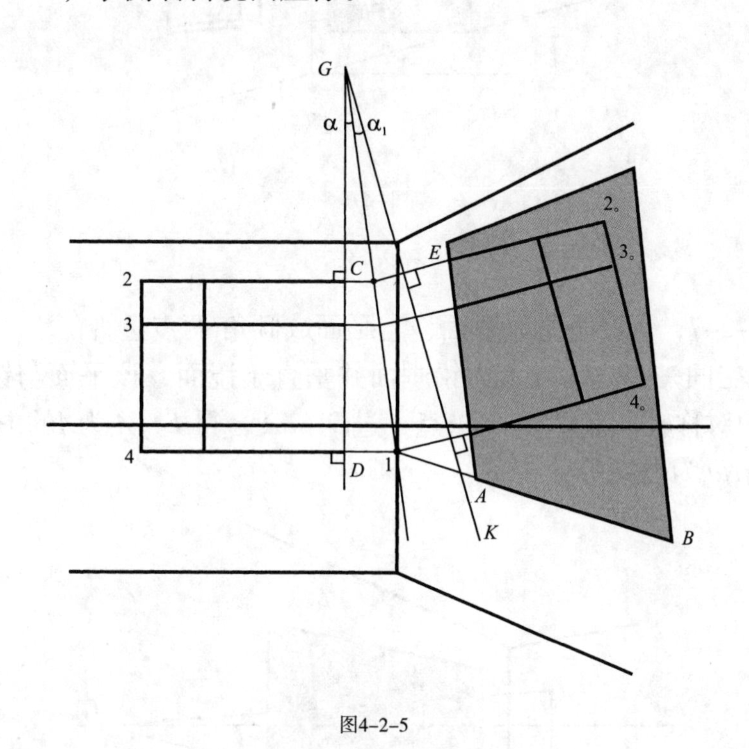

图4–2–5

作法：①延长镜底AB，交墙角于1，延长窗垂线CD；②过1作平行于镜边线AE的$1G$(CD延长交于G，$1G$为墙面与镜面的交线)，CD与$1G$夹角为α；③过G作$\alpha_1=\alpha$，得GK；④以$1G$为对称轴，求2的虚像$2_{\circ}$，量相等长度，同样方法求$3_{\circ}$和$4_{\circ}$，直到完成。

例4：

如图4–2–6，求正面镜上虚像。

右边有窗口求其虚像：①自A作垂线交顶于1；②取墙角中点；③以1连中点得2；④2作垂线交于3，23与AS°的交点$A_{\circ}$为A的虚像。同理求$B_{\circ}$及完成窗的虚像作图。

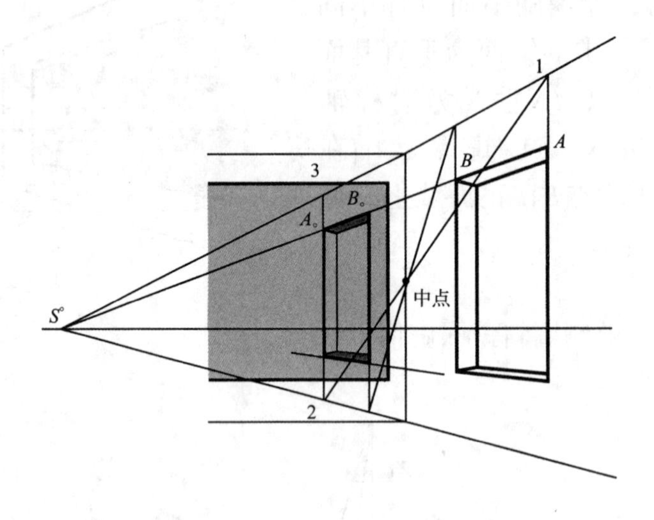

图4–2–6

例5：

如图4–2–7，镜面垂直于基面，与画面成倾角(两点透视)。

点A为空间一点，$Aa_{。}A_{。}$为铅垂面并垂直于镜面，该平面与镜面交线为MN，MN为对称轴，点O为MN中点，过O作$aA_{。}$，得$A_{。}$，$A_{。}$为A的虚像。AM与$MA_{。}$、aN与$Na_{。}$为透视等分关系。

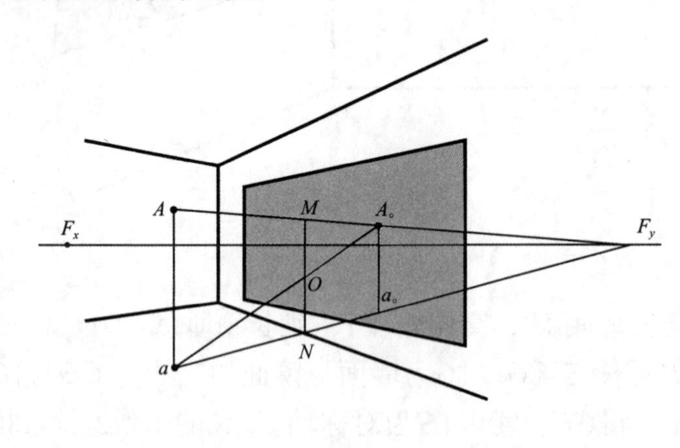

图4–2–7